果园精细管理致富丛书

猕猴桃生产精细管理十二个月

钟彩虹 陈美艳 主编

中国农业出版社
北 京

钟彩虹，博士生导师，中国科学院特聘研究员。任中国科学院武汉植物园猕猴桃资源与育种学科组组长、中国科学院猕猴桃技术工程实验室主任；兼任中国园艺学会猕猴桃分会理事长，农业农村部种植业水果指导专家组成员等。长期从事猕猴桃种质资源鉴定和创新、遗传育种、产业关键技术研发与科技成果推广，先后主持或参加各级科研项目30余项，各类成果转化项目20余项。在国内外核心刊物上累计发表研究论文104余篇，主编专著2部，作为副主编（或第二作者）的著作3部。先后自主培育猕猴桃优良新品种19个，其中作为第一育种人的10个，获得授权专利18个，参与制定标准11套。3项科技成果获省部级一等奖，分别是2015年湖北省技术发明一等奖、2016年中国科学院科技促进发展奖、2016—2017年度神农中华农业科技奖科研类一等奖。

陈美艳，工程师。一直从事猕猴桃种植管理相关工作，先后在四川中新农业科技有限公司、西峡华夏联诚果业有限公司技术部任职；2014年至今，在中国科学院武汉植物园猕猴桃种质资源与育种中心工作，主要负责猕猴桃种植管理技术和新品种推广。发表论文10篇；参与制定猕猴桃地方标准10套，其中作为第一完成人的1套；参与选育猕猴桃品种1个；参与的2项科技成果分别获得2016—2017年度神农中华农业科技奖一等奖和2016年中国科学院科技促进发展奖。

主　编　钟彩虹　陈美艳
参　编　李大卫　赵婷婷　肖　春
张　鹏　韩　飞　张　琦
刘小莉　田　华　李　黎
张庆朝

猕猴桃是多年生落叶藤本植物，原产于我国西南部长江流域省份。我国从1978年开展全国猕猴桃种质资源普查开始，才逐渐有商业果园的种植和相关科学研究，至今仅40余年的历史。但其他国家如新西兰，已从我国野生猕猴桃资源中获得了丰厚的利润。

20世纪初猕猴桃被引进到新西兰，但直到20世纪30年代初期才开始有商业种植，随后在新西兰普伦提湾地区逐渐实现大规模种植，并于20世纪50年代实现出口销售，到20世纪60年代末至70年代初新西兰猕猴桃种植面积激增，每年生产的猕猴桃的出口比例逐步扩大，至20世纪70年代末期，新西兰猕猴桃的出口量超过本地消费量。新西兰猕猴桃早期的主栽品种仅海沃德，1979年在丰盛湾猕猴桃园中的调查结果显示，海沃德栽培面积占总面积的98%；从1997年开始，新的黄肉猕猴桃品种Hort16A的出现，打破了品种单一的格局。2001年意大利从中国科学院武汉植物园获得黄肉猕猴桃新品种金桃的商业开发权，同时我国红肉品种红阳的选育与推广，丰富了市场品种类型，加速了全球猕猴桃产业的发展。

2010年新西兰溃疡病在Hort16A上暴发，导致其遭到毁灭性破坏，新黄肉品种Gold 3（G3）迅速推出，此时我国风味优良的黄肉、红肉、绿肉新品种金艳、东红、翠香等发展迅速，成为我国产业领军品种。同时，选育时间相对较早的徐香猕猴桃因风味佳也得到快速发展，抢占了部分市场份额。

广阔的产业发展空间及较为丰厚的产业利润，促使我国猕猴桃产业蓬勃发展。目前我国种植面积约24万公顷，年产量约255万吨（钟彩虹等，2018）。但在行业快速发展的同时，产业发展过程中的一系列问题也随之出现，如盲目选地、引种，种植技术及技术人员配套不到位，过早采收、低温贮藏运输设施严重不足、商品化处理及产品保鲜技术缺少、贮藏期腐烂损耗大等问题频频发生。为引导产业更进一步健康发展，笔者在中国科学院多年的科技成果转移转化项目及科技扶贫项目的支持下，开展了系列产业技术的研究与推广，获得了系列科研成果，与20多年的生产实践相结合，将周年管理关键技术整理成书以供行业参考。

在本书的编写过程中，得到了同仁们的大力支持和协助，中国农业出版社的编辑老师们在编辑、出版过程中付出了很多心血。同时本书参考、引用了一些国内同仁的研究论文和成果，在此一并表示衷心的感谢！

由于水平有限，书中难免有疏漏不妥之处，恳请各位读者批评指正。

编　者

2020年3月于武汉

目录
CONTENTS

第一章

猕猴桃生物学特性

一、根

猕猴桃根系分布浅，为肉质根，初为乳白色，后变浅褐色，老根外皮呈灰褐色或黄褐色、黑褐色，内层肉红色。无明显骨干根，侧根发达。2 年生苗根系深达 40～50 厘米，水平分布 60～70 厘米；3 年生及 3 年生以上苗根系骨干根开始明显粗壮，但并不向深处生长，而是水平发展，80％的根系分布在 10～50 厘米土层内，水平宽度在 2～3 米。猕猴桃根系在土壤中分布的深浅与土壤类型有关，生长在黏性土壤和活土层较浅的土壤上，根系垂直分布浅；生长在较疏松或活土层较深的土壤上，根系分布较深。在土层疏松、肥厚、湿润的地方，其根系庞大，细根稠密。猕猴桃根多伤流，受伤后再生能力强，既能发新根，又能产生不定芽。

当土壤温度为 8 ℃时，根系开始活动，20.5 ℃时，根系进入生长高峰期，在 29.5 ℃时，新根生长基本停止。根系生长常和新梢生长交替进行，一般新梢迅速生长的后期和果实发育后期，为根系生长的两个高峰期。

二、芽

猕猴桃的芽苞有 3～5 层黄褐色毛状鳞片。通常 1 个叶腋间有

1～3 个芽，中间较大的芽为主芽，两侧为副芽，呈潜伏状。主芽易萌发长成新梢，副芽在通常情况下不易萌发，当主芽受损或枝条遭遇重剪时，副芽则萌发生长。有时主芽和副芽也同时萌发，即在同一节位上萌发 2～3 个新梢。主芽可分花芽和叶芽，幼苗和徒长枝上的芽多为叶芽，斜生枝或水平生长枝的中、上部腋芽常为花芽，花芽为混合芽。

芽的萌发率因种类和品种而异，同时也因生长部位而异。一般上位芽萌芽率显著高于下位芽，因此，在嫁接接穗选择上可以避开下位芽来提高成活率。花芽比叶芽肥大饱满，萌发后先形成新梢，大多在其基部第二至第十个节间的叶腋间形成花蕾，开花结果。芽具有早熟性，即当年萌发新梢上的芽容易萌发成枝，一年可以抽发2～3次，特别是对新梢短截时的剪口芽或新梢下垂弯曲时最上部芽，但已开花结果部位的叶腋间的芽则很难再萌发，而成为盲芽。

花芽分化有生理分化和形态分化两个阶段。生理分化一般发生在开花上一年的 6 月到 9 月上中旬；形态分化从开花当年芽萌发前约 10 天开始，到花蕾露白前完成，通常 50～60 天。有利于树体养分积累的内外环境及栽培措施均有利于花芽分化，如充足的光照及适宜的温度、湿度、土壤等环境条件，合理的施肥、浇水、修剪等技术措施。

不同猕猴桃种或变种，其冬芽的大小和形状有差异，如美味猕猴桃的芽垫较中华猕猴桃的大，但芽的萌发口较小，这也是休眠期区别两者枝条或苗木的重要特征。

冬芽萌发与气温有关，当春季气温上升到 10 ℃左右时，开始萌动。冬芽的萌发率较低，一般为 60%左右，较低的萌芽率既可改善光照条件，促进当年丰产，又能有效调节树体的负荷，有利于稳产和延长结果年限。但不同品种之间萌芽率有较大差异：如红阳萌芽率大约80%，海沃德约 50%。冬芽萌发后大都能发育成为良好的结果枝。

猕猴桃冬芽需要一定的低温积累才能较好地萌发和成花，据新西兰的研究，猕猴桃自然休眠在 5～7 ℃低温下最有效，4～10 ℃低温也可以，低于 0 ℃时效果不理想。猕猴桃不同品种冬季休眠需要的低温总量是不相同的，如海沃德需要的低温总量比布鲁诺等品

种高，因此海沃德需要在冬季温度较低的地区种植，在较寒冷的地区种植其成花率比在冬季温和地区高，相应的产量也增加；金桃猕猴桃在赣南产区经常会出现开花量少甚至没有花的情况，主要与该品种较高的需冷量有关；而红阳、东红等品种虽然需冷量较低，但在云南的大部分较低海拔（1 200 米以下）区域仍会经常出现成花率低、发芽不整齐、花期长等问题。表 1-1 是国家猕猴桃种质资源圃对 7 个猕猴桃品种需冷量研究的结果，供参考。

表 1-1　不同品种猕猴桃需冷量情况

品种	营养芽需冷量		花芽需冷量	
	犹他模型/犹他加权效应值	0～7.2 ℃模型/小时	犹他模型/犹他加权效应值	0～7.2 ℃模型/小时
金玉	693	572	961	820
东红	316	222	825	655
金桃	962	776	1 110	1 013
金霞	728	617	1 027	925
东玫	991	832	1 179	961
金魁	961	853	1 262	1 041
布鲁诺	956	746	1 202	956

三、枝

猕猴桃的枝具有蔓性，枝节间明显，通常有皮孔。新梢颜色以黄绿或褐色为主，多具灰棕色或锈褐色表皮毛，其形态、长短、疏密、软硬和颜色等都是识别品种的重要特征。多年生枝呈黑褐色，茸毛多已脱落。木质部有木射线，皮呈块状翘裂，易剥落。

枝中心有髓，新梢的髓呈片层状，黄绿、褐绿或棕褐色。随着枝的老熟，髓部变大，多呈圆形，髓片褐色。木质部组织疏松，导管大而多，韧皮部皮层薄。缺水容易使导管内产生气泡，从而造成前端枝蔓萎蔫甚至树体死亡等情况，所以，在田间管理中，一定要确保水分的供应，尤其是较为干旱的区域。

当年萌发的新枝，可分为营养枝和结果枝。

营养枝是指那些仅进行枝、叶器官的生长而不能开花结果的枝条。根据其生长势强弱可分为徒长枝、普通营养枝和衰弱枝。徒长枝多从大剪口下、枝条基部的潜伏芽萌发而抽生，生长势强，组织不充实，年生长量大，一般长 3～6 米，节间长，芽较小，不饱满。普通营养枝主要从幼龄树和强壮枝中部萌发，长势中等，长 1～3 米，组织充实，节间短，芽饱满，这种枝条可成次年的结果母枝。衰弱枝是从树冠内部或下位芽萌发，枝条短小细弱。

结果枝是指雌株上能开花结果的枝条，而雄株上开花的枝条称为花枝。结果枝一般着生在结果母枝的中、上部和短缩枝的上部。根据枝条的发育程度和长度，结果枝可分为徒长性结果枝（＞150 厘米）、长果枝（60～150 厘米）、中果枝（30～60 厘米）、短果枝（5～30 厘米）、短缩果枝（＜5 厘米）或无叶果枝。不同的种类或品种，其结果枝的类型不一样。据调查，有的品种主要以短缩果枝和短果枝结果为主，而有的品种以长果枝结果为主。不同品种结果枝的年生长量有差异，相同树龄、相同管理条件下的不同品种，其植株主干粗度明显不同。

同一品种枝的年生长量与温度、湿度有关，如种植在温度、湿度偏高的南方区域的植株年生长量大，一年可抽发多次新梢，而种植在偏北区域的植株年生长量小。

枝条生长主要有两个高峰期，一个是春季开花前后的春梢生长期，另一个是 7、8 月夏梢生长期。根据树势、树龄等合理控制施肥量和施肥种类，可以较有效地控制营养生长和生殖生长的平衡，控制好枝条的二次生长高峰，避免养分的浪费，提高果实产量和品质。

猕猴桃枝一般具有以下特性。

（一）背地性

芽的位置背向地面时，其抽发的枝条生长旺盛；与地面平行时，其抽发的枝条生长中庸；面向地面时，其抽发的枝条生长衰弱，甚至不发芽。

（二）逆时针缠绕性

当枝条生长到一定长度，因先端组织幼嫩不能直立，枝条靠先端的缠绕能力，随着生长自动地缠绕在其他物体上或互相缠绕在一起。值得注意的是，猕猴桃虽属蔓生性植物，但并不是整个枝条都具有攀缘性，其生长初期都具有直立性，先端只是由于自重的增加而弯曲下垂，并不攀缘，旺盛生长的枝条或徒长枝在生长后期，由于营养不良，先端才出现攀缘性。

（三）自枯性

自枯现象也称为自剪现象。自枯期的早晚与枝梢生长状况密切相关，生长势弱的枝条自枯早，生长势强健的枝条直到生长停止时才出现自枯；自枯还与果园光照不足有关。猕猴桃枝蔓自然更新能力很强，在树冠内部或营养不良部位生长的枝蔓，一般 3～4 年就会自行枯死，并被其下方提前抽出的强势枝取代，实现自然更新。

四、叶

猕猴桃的叶为单叶互生，叶片大而较薄，中华猕猴桃、美味猕猴桃叶片多纸质或厚纸质；有多种形状，如圆形、椭圆形、扁圆形、心形、倒卵形、卵形、扇形等，在同一枝条上叶片大小和形状也不一；叶片先端急尖、渐尖、浑圆、平或凹陷等，叶基部呈圆形、楔形、心形、耳形等，叶缘多锯齿，有的锯齿大小相间，有的几近全缘。叶脉羽状，多数叶脉有明显横脉，小脉网状。叶柄有长有短，颜色有多种，绿色、紫红色或棕色，托叶常缺失。叶面为黄绿色、绿色或深绿色，幼叶有时呈红褐色，表面光滑或有毛。叶背颜色较浅，表面光滑或有茸毛、粉毛、糙毛或硬毛等。

从展叶至停止生长需要 20～50 天，单片叶的叶面积开始增长很慢，之后迅速加快，当达到一定值后又逐渐变慢。展叶后的 10～25天为叶片迅速生长期，后缓慢生长至定形。叶片随枝条伸长而生长，当枝条生长最快时，叶片生长也最迅速。叶片的大小取决于叶片在迅速生长期生长速率的大小，生长速率大则叶片大，否则就小。通风透光条件下，叶片在定形后到落叶前的几个月里，光合作用最强，制造和向其他器官输送的养分最多。所以，为了使叶面积加大，提高其光合效能，在叶片迅速生长期给予合理肥水管理是非常必要的。同时，要通过合理的植保、修剪等措施降低无效叶片（即没有营养积累功能的叶片）如病虫叶、郁闭叶等的比例，增加光合产物的积累，增强树势，确保果实品质。

五、花

猕猴桃是功能性的雌雄异株植物，即分为雌株和雄株，也有极少数结果雄株。从形态上看，雌花、雄花都是两性花，但由于雌花的花粉败育，雄花的子房退化，因而分别形成功能性的单性花，主要着生在结果枝第二至第十节位上。

不同品种的花大小不同。美味猕猴桃的花径为 4.5～6.5 厘米，中华猕猴桃花径为 2.5～4.5 厘米。萼片一般为 5 枚，有的为 2～4 枚，分离或基部合生。花瓣多为 5～9 枚，呈倒卵形或匙形，在刚开放时为白色，后变为淡黄色或黄褐色。雌蕊有上位子房，多室，胚珠多着生在中轴胎座上，花柱分离，多数呈放射线状，花后宿存。雄花子房退化，花柱较短，雄蕊多数有“丁”字形花药，纵裂，呈黄色。雌花中有短花丝和空瘪不孕的药囊。

栽培品种的雌花多单生或为聚伞花序，品种之间差异较大。中华猕猴桃的一些品种如金桃、红阳，美味猕猴桃的一些品种如金魁、海沃德等的花多为单花，而中华猕猴桃品种武植 3 号和金丰，美味猕猴桃品种布鲁诺和蒙蒂等品种的花多为聚伞花序，每序 2～3 朵，而毛花猕猴桃和中华猕猴桃的种间杂交品种金艳的花序为多歧聚伞花序，每序 3～9 朵。雄花多呈聚伞花序，极少数单生，每花序 3～6 朵花。

猕猴桃的花从现蕾到开花需要 25～40 天。雄花每花枝开放时间较长，为 5～8 天，雌花为 3～5 天。全株开花时间：雌株 5～7

天，雄株 7～20 天。也与天气有关，如花期晴空万里，则花期缩短，有时雌株 3～5 天，雄株 5～8 天；如花期低温、阴雨绵绵，则开放时间延长，雌株有时可长达 10 天。花开放的时间多集中在早晨，一般在 7 时 30 分以前开放的花朵数量为全天开放的 70%左右，11 时以后开放的花仅占 8%左右。一朵单花可开放 2～6 天（多为 3～4 天），雌花最佳授粉时间为开放前 2 天（花瓣未展开）至开放后 2 天（花瓣白色），当天开的花最好当天授粉，尤其在天气较旱、温度较高的情况下。花粉的生活力与花龄有关，雄花开放前 1～2 天至花后 4～5 天，花粉都具有萌发力，但以花瓣微开时的萌发力最高，此时花粉管伸长快，有利于深入柱头进行受精。花期可细分为初花期（指全树有 5%～10%的花蕾开放）、盛花期（指全树有 75%的花蕾开放）、终花期（指全树有 75%的花冠萎蔫脱落）。

开花顺序：从单株来看，向阳部位的花先开；同一枝条上，下部的花先开；同一花序，顶花先开，两侧花后开。根据具体的栽培品种、栽培面积及天气条件等，做好相应的授粉安排。

雌花的柱头呈分裂状，分泌黏液，花粉落上柱头后，通过识别即开始萌发生长，花粉管经柱头通过珠孔进入胚囊后释放出精子，与胚囊中的卵细胞结合，形成受精卵。授粉后约 3 小时，花粉管向乳突壁下生长，约 7 小时后抵达花柱沟和花柱道的结合点，10～20 小时到花柱底部，20 小时后，花柱底部较近的极少数胚囊有花粉管到达其珠孔位置，绝大多数胚囊在授粉后 45 小时花粉管破坏助细胞，释放两精子。整个授粉、受精过程需要 30～72 小时，雌花受精后的形态表现为柱头授粉后第三天变色，第四天枯萎，花瓣萎蔫脱落，子房逐渐膨大。

授粉效果与花期环境有关。首先，温度可影响花粉发芽和花粉管伸长，猕猴桃花粉萌发的最适温度为 20～25 ℃，低温下萌发慢、花粉管伸长慢、花粉通过花柱到达子房的时间延长，因此花粉到达胚囊前，胚囊已失去受精能力。此外，花期遇到过低温度时，会使胚囊和花粉受到伤害。低温也影响授粉昆虫的活动，一般蜜蜂活动要求 15 ℃以上的温度，低温下，昆虫活动能力弱。花期大风（17 米/秒以上）不利于昆虫活动，干热风或浮尘使柱头干燥，不利于花粉发芽。阴雨绵绵不利于传粉，花粉很快失去生活力。

六、果　实

猕猴桃的果实为浆果，中华猕猴桃、美味猕猴桃表皮多被茸毛、硬刺毛。子房上位，胚珠着生在中轴胎座上，一般形成两排。果实由表皮（外果皮）、中果皮、内果皮和中轴胎座（果心）四部分组成，可食部分为中果皮、内果皮和果心。多数中华猕猴桃、美味猕猴桃栽培品种果实50～150克，最大可超过200克。果实表面有斑点，果实形状因种和品种不同而不同，主要有椭圆形、长椭圆形、扁圆形、圆柱形、卵圆形等，果皮较薄，颜色有绿色、黄褐色、褐色等。栽培品种果肉多为黄色、绿色和红色。果实软熟后，糖分增加，质地细软，有特殊香味，口感甜酸适度。

果实的品质和产量除品种差异外，还与树龄、坐果期及果实发育期所处的环境条件有关。

（一）结果年龄

中华猕猴桃进入结果期较早，丰产性强。中华猕猴桃实生苗一般于播种后的2～3年开始开花结果，而美味猕猴桃实生苗大多于播种后的4～6年开始开花结果，少部分于播种后2～3年开始。嫁接苗定植后第二年就可开花结果，4～5年后进入盛果期。一般栽培品种单株产量15～50千克。

猕猴桃的更新能力强，结果寿命长。在野生状态下100多年生的中华猕猴桃仍然枝繁叶茂，生长健壮。如浙江省黄岩区大巍头村的1株100多年生猕猴桃仍可年产100千克以上果实；湖南省绥宁县安阳村的1株径粗12厘米大树，年产量达到500千克。

（二）坐果习性

猕猴桃成花容易，坐果率高，加之落果少，所以丰产性好。结果枝大多从结果母枝的中、上部芽萌发，结果枝抽生节位的高低随

着结果母枝短截的程度不同而变化。中华猕猴桃通常以中、短果枝结果为主，结果枝通常能坐果 2～5 个，因品种不同而有差异，有的仅坐 1～2 个果，而丰产性能好的品种能坐 6～8 个果，主要着生在结果枝的第二至第六个节位。

生长中等或强壮的结果枝，可在结果当年形成花芽，成为次年的结果母枝；而较弱的结果枝，当年所结果实较小，也很难成为次年的结果母枝。对生长充实的徒长枝加以培养，如进行摘心或短截，可形成长枝性的结果母枝。充分利用徒长枝来培养健壮结果母枝，是追求高产、稳产时值得提倡的技术措施。猕猴桃结果的节位低，又可在各类枝条上开花结果，为其修剪与结果部位更新，以及整形和丰产稳产提供了有利条件。

单生花与序生花的坐果率在授粉良好的情况下无明显差异。单生花在后期发育中，果型较大。而花序坐果越多，果型越小，但在栽培条件良好、整树结果不多时，即使一花序坐果2～3个，也能结成较大的果实。一般来说，要获得较大的果实，在开花前应对花序进行疏蕾，保留中心花蕾，如中心花蕾畸形或受害，可选留较好的一级侧花蕾；授粉完成后，要疏除畸形果、病虫果、小果，在确保产量的同时提高商品果率。但如果当年花期遇到不利的授粉天气，或遇到花后病害较重的情况，疏果程度要轻，或不疏果，且应在幼果坐住后疏除小幼果，这样比较稳妥，否则易造成减产，或者造成后期营养生长过旺，影响果实风味和枝条的充实程度。

（三）果实发育规律

猕猴桃从谢花到果实成熟需要 120～200 天，在此期间，果实大小和内含物不断发生变化。中国科学院武汉植物园国家猕猴桃资源圃多年的试验研究表明，谢花后 30～50 天是果实体积和鲜重快速增长阶段，主要是细胞分裂增生和细胞增大，水分增加特别多，快速生长过后，果实大小达到了成熟大小的 80%左右，鲜重达到成熟时的 70%～75%。金桃谢花后 30 天是其迅速膨大阶段，其果实体积可达成熟期的 80%以上；而金艳谢花后 60 天是其迅速膨大阶段，其果实体积可达成熟期的70%左右。

果实中淀粉的积累则是从谢花后50天开始，谢花后120天（早熟品种）至145天（中晚熟品种）达到最大值，以后，淀粉开始水解，淀粉含量迅速下降。而可溶性固形物和总糖含量在谢花后90天内趋于稳定，保持在5%以内，以后缓慢增加。当可溶性固形物含量达到6%～7%以后，可溶性固形物和总糖含量迅速增加，与淀粉的变化相反。根据常温贮藏试验，总糖和可溶性固形物含量迅速上升期是果实采收的最佳时间段。

整个生育期果实干重持续增加，特别在成熟后期，鲜重停止增长后，干重仍在迅速增加。说明这时期干物质还在不断积累。此时是果实品质形成的重要阶段。

了解各品种的果实生长发育规律，便于制定科学的田间管理技术措施并落实到位，从而达到事半功倍的效果。

七、种　　子

中华猕猴桃、美味猕猴桃的种子很小，千粒重1.2～1.6克。种子长圆形，成熟新鲜的种子多为棕褐色或黑褐色，干燥的种子黄褐色，表面有条纹或龟纹。胚乳丰富，肉质，胚呈圆柱形、直立，子叶很短，种子含油量高，一般为22%～24%，最高可达36.5%。种子还含有15%～16%的蛋白质。

种子数量多而小，位于胎座周围。种子长度的发育开始于受精之后，经过60天左右，珠心发育到最大程度，随后胚乳和珠心内层发育完全，此时双细胞的胚才进行分裂形成珠心胚，然后迅速发育。种子在果实的缓慢生长阶段逐渐充实，种皮渐硬，由白色转为淡褐色。

授粉的成败直接关系到种子的数量和分布，而种子在生长发育过程中又能分泌生长激素刺激果实膨大，因此，对单个品种来说，种子数量越多，果实越大；授粉不良或不均匀的则会形成小果或畸形果。

不同品种的种子转色时间与其成熟期都有相应的关系，如金桃种子转色后约45天果实成熟，即可采收。

第二章

猕猴桃对环境的要求

我国猕猴桃产业蓬勃发展，丰富的猕猴桃资源使得中华猕猴桃、美味猕猴桃在陕西、河南、四川、贵州、云南、湖南、湖北、广东、广西、江西、浙江、福建、安徽、江苏、山东、西藏等省份均有广泛种植，由于各地地理位置不同，气候条件差异大，所适宜的品种也会大有不同，为此，必须了解相应品种对种植环境的需要。

一、光　　照

幼年猕猴桃树喜阴，成年树喜光，中华猕猴桃、美味猕猴桃需要的年日照时数为1 200～2 600小时。成年猕猴桃树必须有充足的光照才能正常开花结果，处在荫蔽处的植株可能枝蔓较细弱，组织发育不充实，芽苞不饱满，抗旱、抗寒、抗病等能力差，结果性能差，极大程度地影响产量和效益。树冠郁闭、夏季修剪不得当的植株则很容易出现生长季节枯死的下部枝条。因此，在长期生产实践中得出，采用可以使树冠舒展的大棚架以及一干两蔓的树形较利于树体充分接受阳光照射，增加光合面积，在提高产量效益的同时，增强树体抗逆性，得到了广大种植者的青睐。同时，相关研究表明，大棚架栽培方式下，地面透光率为10%左右为宜，大于15%则透光率太高，叶幕层太薄，果实易受强光危害，而小于5%则透光率太差，树冠郁闭，病虫害严重，两种情况都不利于产量和品质的提升。

多数猕猴桃果实怕强光。夏季光照过强，特别是伴随高温、干旱，会引起日灼病。轻者果实阳面受伤变褐，重者果、枝甚至叶片枯萎凋落。

二、温　度

中华猕猴桃所忍耐的极端最低气温一般高于美味猕猴桃，但所忍耐的极端最高气温则无大差异。

中华猕猴桃和美味猕猴桃的生物学零度为 8 ℃，即二者只有在日平均气温 8 ℃以上时，才开始萌芽生长。从萌芽到落叶，中华猕猴桃需要 210～240 天，美味猕猴桃需要 190～230 天。二者需要的无霜期分别不能少于 180 天和 160 天。中华猕猴桃、美味猕猴桃在年平均气温 12～19 ℃的地方均可生长，特别在冬无严寒、夏无酷热、年平均气温在 14～18 ℃、无霜期在 180 天以上、最冷月平均气温 4.5～6.5 ℃、最热月平均气温 23.5～26.5 ℃的区域最为适宜。

进入生长期后，猕猴桃对早春的倒春寒、晚霜以及晚秋的气温大幅度突降、早霜十分敏感。3、4 月的倒春寒和晚霜主要危害新芽，－1.5 ℃持续 30 分钟可使已萌动的花芽冻坏，2 ℃以下的低温持续 30 分钟会对猕猴桃花蕾、新芽的生长造成严重的伤害。而晚秋的突然降温和早霜首先危害果实，使晚熟品种不能完成生理成熟，不能正常软化或软化后风味品质下降，其次中断叶片养分向枝蔓和根部回流，减少养分贮存，影响翌年新梢抽生甚至影响开花结果。

猕猴桃不耐高温，气温在 35 ℃以上时，果实向阳面容易发生日灼，形成褐色至黑色干疤，或病菌侵染导致腐烂落果；有的品种即使没有阳光直晒，在温度较高时也会发生热害情况，如果面不规则凹陷等。如高温伴随着干热风，可使大量叶缘撕裂，变褐、干枯、反卷，极大影响叶片功能及光合产物的积累。

三、水　分

猕猴桃喜湿润，怕干旱、不耐涝渍。在阴湿多雾雨、年降水量800毫米以上、相对湿度70%以上的地区，生长发育较好。在干旱少雨地区栽培，必须有充足的水源条件和配套的灌溉设施。中华猕猴桃和美味猕猴桃喜潮湿，野生状态下，多分布在年降水量为600～2 000毫米、相对湿度60%～80%地区的阴坡、山谷、溪涧附近潮湿的林荫地。

成年猕猴桃树较幼年树耐渍水，成年树可耐渍水约12小时，但超过12小时极有可能造成毁灭性伤害。

在不同生长发育时期，猕猴桃对水分的需求不同。猕猴桃的关键需水期有萌芽期、开花坐果期、新梢生长期、果实膨大期和冬季越冬期。萌芽期至果实膨大期，枝、叶、花、果的生长需要充足的水分，此时水分缺乏，会降低植株生长势，导致抽梢不良，同时影响花芽形态分化。花期缺水、高温干旱则影响授粉效果，不但影响当年产量，也会对翌年产量造成巨大影响。果实膨大期的水分供应更是水分管理的重中之重，此时如果水分不足，营养生长和生殖生长平衡被打破，轻则果实生长发育受阻，重则影响树体生长、发育、抗逆性，甚至影响寿命。同时，高温干旱持续时间长，会迅速降低果园的空气湿度，增加树体蒸腾量，加剧树体缺水。水分充足供应是增加果园空气湿度，降低树体蒸腾量的重要手段。新西兰研究表明，夏天正常栽植密度的成年猕猴桃植株，每株每天蒸腾量高达60～90升。秋季若无有效降雨，最好在基肥施入后立即浇透一遍，利于根系密接土壤、伤口愈合以及养分的吸收。冬季较为干旱，尤其是较为寒冷的北方，需要灌1～2次越冬水，有利于树体安全越冬。

四、土　壤

适宜猕猴桃生长的土壤是棕壤、黄壤、红棕壤和森林土，土壤

pH 5.5～6.5；最好含有丰富的有机质，如2%～3%，同时土层深厚（60厘米以上）、疏松，这样的土壤条件下，黏粒较少，团粒结构好，透气性强，能保水保肥，有机质分解快，土温比较稳定。

河滩沙地、山地中的砾土，其特点是土层薄，土壤间隙大，保水保肥能力弱，土温变化大，极不适合猕猴桃的生长。除非建园期间加大有机肥料的投入，同时后期管理跟上，增加土壤有机质含量水平，加强配套的灌溉设施，生长季节少量多次追肥，逐步改善土壤结构，经过5～6年才能将土壤结构改良。

低洼地黏土或黏性水稻田，其土壤孔隙度小，透气性差，极不利于根系生长，而且改土成本巨大且成效不明显，不建议选此种地块建园。

五、风

猕猴桃对风非常敏感，自然状态下，猕猴桃生长于丛林之下，多集中在背风向阳的地方。大风主要使新枝折断，叶片破碎或脱落，影响植株长势和果实正常膨大，或使果实因风吹摆动擦伤，失去商品价值；严重时刮落果实或刮伤果柄，造成大面积落果、干缩，影响效益。此外，夏季干热风引起枝叶萎蔫、叶缘干枯反卷；冬季干冷风导致抽条等。因此，人工栽培选地时，必须选择背风向阳的地方，一定要避开风口和常发生狂风暴雨的区域，并根据地形营造防护林或搭设防风网。

猕猴桃需要微风，特别在花期，需要1～3级的和风帮助传粉授粉，调节园区局部小气候。微风可以调节园内的温度、湿度，改变叶片受光角度和强度，增加架面下部叶片受光的机会等。

第三章 猕猴桃园地选择与建园

一、园地选择

选择交通便利，无污染，人文条件等较好的地方进行建园；坡度最好在15°以内，不要大于25°。

要选择土层深厚（至少在60厘米及以上），排灌方便，透气和理化性状良好，pH 5.5～7.0，土壤质地为有机质丰富的沙壤土或壤土，地下水位在1.2米以下，年平均气温14～18℃，避风、阳光充足的地带。

土壤板结、透气性差的黏重土壤、偏碱性的土壤、沙性太重的土壤均不适宜猕猴桃的种植。另外，所选地块要求水源充足，排灌顺畅，尤其不要选择地势比较低洼的地段，否则容易积水，大大降低苗木成活率，即使苗期表现良好，但随着苗龄的增大，根系的伸长，根腐病的危害就会加大，最终可能导致无法成园或中途毁园。

二、建　园

（一）园地规划

选择坡度在25°以下的地带建园。因地制宜将全园划分为若干作业小区，小区大小因地形、地势、自然条件而异。山地或丘陵地小区面积一般为 10～30 亩*，平地且机械化程度高时小区面积约 50 亩，根据实际情况适当扩大或缩小，行长在 100 米以内；若所选地块较为平缓，最好缩短行长，或垂直于行向在中间留有排水沟，以便雨季排水顺畅。面积较小、50 亩以下的果园仅留操作道即可。划分小区的同时，形成道路及排灌系统，以及较大基地的配电房、看守房、库房等。

在坡度 10°以上的丘陵或山地建园时，采用等高线梯田，梯面宽应在 3.0 米以上；外高内低，内侧开挖排水沟，以便大雨时雨水汇集排出而不会冲垮梯面。

依山建园时，在依山面要有拦洪沟，拦洪沟深度、宽度根据集雨面和最大雨量计算；依路建园时也要做好背沟，以防路面积水流入园内。之后根据园区位置、园区大小、当地降水量等规划主排水沟、小区围沟、厢沟等。一般主排水沟在 80～100 厘米深，底宽 50 厘米左右。小区围沟低于厢沟 20～30 厘米，高于主排水沟约 20 厘米。地势较为平缓的地块厢沟深度在 40～60 厘米，排水通畅的地块在行间留一条深 20 厘米左右的小沟即可。山地建园时，梯面内侧的排水沟深度一般在 30～40 厘米；每隔 30 米左右顺坡向修一汇水渠，相当于小区围沟，联通梯面内侧排水沟。

（二）防风林和防风网

生长季节风害较大的地区，会造成枝条折断、叶片撕裂或风干、果实刮伤、溃疡病流行、需要频繁灌水、影响开花授粉等情况，所以，为确保植株正常生长及果实的商品性与产量，需要在主迎风面建设防风林或防风网。一般要求防风林距猕猴桃栽植行 5～6 米，以乔木为主林带，树高 10～15 米，栽植 2 排，行距 1.0～1.5 米，株距 1.0 米，V 形栽植；灌木为副林带。面积较大的果园在园内每隔 50～60 米设置一道单排防护林。防风林选择直立生长、对营养竞争较弱、维护成本低的树种；同时，对猕猴桃生长有他感作用的树种（如桉树）、极易感染猕猴桃病害的树种或与猕猴桃有

---

* 亩为非法定计量单位，1 亩＝1/15 公顷≈667 米^2。——编者注

共同虫害的树种不宜用于防风林。

由于防风林前期生长量不够，为避免后期遮挡阳光需要预留足够空间，还存在修剪、除虫等维护成本较高等问题，越来越多的果园采用架设防风网来代替防风林，简便快捷，并能立即投入使用，同时不存在遮挡阳光的问题，只是要确保架设强度、长度、高度和透风性。

一般在正常架设条件下，好的防风林或防风网的防护范围是其高度的8倍左右，所以在有风害的区域，在架设之前需要考虑行长及防风林或防风网的高度问题。

防风林和防风网的透风性也是需要考虑的指标之一，一般要求透风率在40%～50%，确保园区内有适当的气流，而不是一道防风墙，这样可以确保园区湿度不会太高，从而减小真菌病害产生的概率，同时通风会降低低温霜冻产生的损害。目前我国使用的防风网主要是聚乙烯材质，孔眼直径4毫米左右。

（三）避雨棚和防雹网

避雨棚是近几年我国种植猕猴桃尤其是溃疡病严重区域或冻害易发生区域采取的较为有效的措施，能较大程度降低溃疡病发生率，避免冬季低温及早春倒春寒对树体及新芽造成危害，但其成本较高，每亩成本一般在5 000元到几万元不等，在建造之前主要考虑高度、抗风能力、抗雪能力、使用年限等问题。若没有足够的投资，则必须选择有市场前景、适宜当地种植的抗性品种。

虽然避雨棚优势明显，但也存在缺点，如必须配套灌溉设施以确保水分供应，花期需要适当喷雾加大空气湿度，需要人工辅助授粉，或喷授、点授，或在配置雄株的条件下使用鼓风机增加空气流动性，提高授粉概率等。

随着灾害性气候的常态化，有些产区架设防雹网势在必行，同时在雹灾较重的区域建立新园区时，防雹网必须在规划设计之内，也可以结合避雨棚等设施设计安装。目前防雹网在我国猕猴桃园使用得比较少，单纯防雹网每亩成本大概在八千元左右，主要是钢管基础、聚乙烯材料网，网眼直径约8毫米。

(四)灌溉设施

定期对幼树和成年果树补充水分可以促进树冠的快速生长及果实膨大，确保产量，从而产生良好的经济效益。猕猴桃植株在生长期需要大量的水分，特别是幼苗期，成年树的萌芽期、开花坐果期、新梢生长期、果实膨大期等，缺水会影响植株生长，导致枝条发育不良、果实生长速率减缓等问题，直接影响当年及翌年的效益。

目前，劳动力缺乏的问题在产业发展中已开始显现，所以越来越多的果园配套灌溉设施，有的采用肥水一体化设备。但在具体设计实施过程中需要设计施工技术人员、肥料专家及果园管理技术人员协同参与，在不同树龄生长阶段和时间阶段果树需水需肥情况、土壤类型和深度、土层情况、水源水质、是否有预防霜冻需求等方面深入探讨，才能确保所安装的设施设备在后期使用过程中实现事半功倍的使用效果。

灌溉设施的配套，尤其是微喷灌，除了可以保证水分及肥料的供应之外，还可以在高温干旱的情况下降低园区温度，又可以在冬季或早春预防冻害上发挥较好的作用，所以在建园设计规划过程中要充分考虑各方面因素，安装符合实际需求的设施设备。

(五)改土前准备

首先对土壤性质及营养情况进行测定，需要农业技术专家根据这些理化参数来决定使用何种肥料及肥料施用量。之后进行改土，土壤的改良工作最好在定植前的夏天完成，若时间较紧，且很快就要栽苗，则必须使用充分腐熟的肥料进行改土。

可用的改土肥料有多种，如秸秆、谷壳、药渣、牛粪、猪粪、马粪等粗质肥料，油菜、油桐或茶籽等各类饼肥，以及禽粪、羊粪等较优质的肥料，针对我国土壤养分含量情况，推荐用量为粗质肥料每亩3～5吨、优质肥料每亩2～3吨，同时添加适当磷肥等，实际使用量以农技专家根据土壤检测结果而定的更科学。改土肥料成本在整个建园成本中占40％左右，在前期没有足够预算的情况下，

可以适当减少优质肥料的投入，加大粗质肥料的比例，确保改土效果，避免后期更大的投入。

未腐熟有机肥需充分腐熟发酵才能使用，如施用未腐熟的鲜动物粪便，易导致病虫害的发生。

（六）改土

平地改土前首先进行地块平整工作，使其顺着方便排水的方向倾斜，中间不可出现凹凸不平的情况；同时按照规划将路坯、沟坯成型，并将多余的表土分散到种植区域内，不允许沟边积土过多造成后期垄带“翘头”而阻碍排水的现象；再按农技专家根据土壤化验结果指导的施肥量，将肥料均匀撒到土壤表层，之后用挖掘机或深耕机深翻 80～100 厘米，肥土混匀；最后用旋耕机再将土壤旋耕 30～40 厘米深，并将土耙平，等待起垄。

山地建园时，首先进行坡改梯工作，之后按照肥料施用量将肥料均匀撒到种植行带，进行深翻；为防止垮梯，梯外侧 50 厘米左右不用深翻。翻后旋耕，内侧挖沟起垄。

（七）起垄

较为平坦的地块，顺应地势划分小区，在深翻改土后进行起垄，起垄高度根据地势情况在 40～60 厘米，每隔 4 垄厢挖 1 条深沟，深度 60～70 厘米，便于雨季排水；5°～10°的坡度地势相对平缓，且排水顺畅，可以不必采用梯田建园；在没有水害风险的区域，整成垄高 20 厘米左右、上垄面宽 2 米左右的微垄即可。起垄宽度根据园区规划和栽植品种而定，一般在 4～6 米（具体见本章“苗木准备与定植”）。

而坡度在 10°以上的区域，建议采用梯田建园，梯面外高内低，便于雨季将多余水分汇集到内侧排水沟，排出园区；同时，将栽苗行带靠外设计，苗木离梯面外缘 1 米左右，内侧约 2 米空间可以用来进行简单机械操作，尽量降低劳动力成本。

目前，我国种植区域大部分都存在降水量分布不均的情况，所以排水设计是建园设计的重点，而与排水沟相矛盾的就是机械化操作受限，劳动力成本升高，为解决这一矛盾，可以采用宽行窄株的种植模式，即尽量加大行宽到6米左右，除去中间的排水沟，树行带两侧各留大概2.5米的操作空间，完全可以进出小型机械，提高机械化程度，大大降低劳动力成本。由于行距较大，对一些较为弱势的品种来说，在没有牵引等措施的条件下，中间可能出现叶幕层不能完全覆盖的情况，湿度较大的区域，可以作为光路进行通风透光；在湿度相对较小的区域则可以改为在行沟边种植雄株，既可以充分利用空间，又可以增加授粉概率，提高产量及商品果率。

（八）架型（栽桩拉线）

1. T形架 在坡度较大（10°以上）的丘陵或山地建园时，建议采用T形架。

沿行向根据株距每隔4～5米设置一个立杆，立杆为水泥杆，横截面为10厘米×10厘米的正方形，所用混凝土强度等级不低于C20，立柱全长2.5米，地上部分长1.8～1.9米，地下部分长0.6～0.7米，横梁（可用水泥柱，也可使用热镀锌钢管、角钢、方钢等）1.5～2.5米；横梁上顺行架设5或7道热镀锌钢丝（直径2.5毫米），间距40～50厘米；每行末端立柱外2.0米处埋设一地锚拉线，地锚体积不小于0.07米^3，埋置深度70厘米以上。

2. 大棚架 坡度在10°以下的地块及平地适用大棚架。

沿行向根据株距每隔5～6米设置一个水泥立柱，立柱横截面为10厘米×10厘米的正方形，所用混凝土强度等级不低于C20（与边桩相同），立柱全长2.5米，地上部分长1.8～1.9米，地下部分长0.6～0.7米；边桩横截面为12厘米×12厘米，地上部分长1.9米，地下部分长0.9米，顺行向斜向外栽植，顶点垂点离边桩地面基部50厘米左右；以7根直径1.6毫米的钢丝绞合而成的钢绞线为横梁，其上顺行向架设7或9道热镀锌钢丝（直径2.5毫米），间距40～50厘米，并留有透光带；钢丝与横梁的交叉点用扎丝固定；每行、每列边桩外1.5米处埋设一地锚拉线（拉线用7根

直径 1.8 毫米的钢丝绞合而成的钢绞线），地锚体积不小于 0.07 米^3，埋置深度 80 厘米以上。

三、苗木准备与定植

（一）砧木

目前生产上大多采用美味猕猴桃实生苗作为砧木。

现阶段由于猕猴桃产业太热，越来越多的企业、个人加入猕猴桃种植行业中，但由于各地条件不一，种植面积受限，果园频发因涝害或过湿导致的根腐病，成园率低。最近几年，有些种植业主为了在水稻田或黏重土壤上种植猕猴桃，选择了民间流传的“水杨桃”作为砧木，除去“小脚”问题外，在具体的种植管理过程中仍然出现了其他一些问题，比如根颈腐烂、嫁接口愈合不良、嫁接口腐烂等情况。出现这些情况的原因在于，此“水杨桃”与我们普遍种植的中华猕猴桃、美味猕猴桃不属于同一种类，所以导致嫁接口愈合不良，从而导致病菌侵入腐烂；同时，“水杨桃”是猕猴桃属植物中其他几个种类的统称，包含大籽猕猴桃、葛枣猕猴桃、对萼猕猴桃、京梨猕猴桃等，这些种类虽然在抗水方面表现较好，但与中华猕猴桃或美味猕猴桃的嫁接亲和性以及对接穗品种品质与产量的影响均有较大差异，有的种类亲和性极低，后期“小脚”现象非常严重。因此，还需要开展系列鉴定研究，从中培育出更优的砧木，目前在具体应用选择上还需要慎重。同时，不同来源的砧木对目标品种也会有不同程度的影响，目前不同产区存在的同一雌雄品种搭配，花期有的地方相遇，有的地方又不同，除与雌雄品种在不同生态环境下表现有差异外，还很可能跟不同种类的砧木来源有关。

（二）品种选择及要求

选择苗木品种纯正，无溃疡病、根结线虫病、介壳虫等危险病虫害，生长健壮、根系良好的嫁接苗。而对于已栽植砧木苗的园区，则应选择品种纯正，芽苞饱满、无病虫害的接穗。

我国是猕猴桃原产地，种质资源极为丰富，目前可栽培的品种、品系繁多，至2012年底，我国培育、引进的中华猕猴桃品种（系）有75个，美味猕猴桃品种（系）有53个，另外软枣猕猴桃、毛花猕猴桃品种（系）有20个（黄宏文等，2013），所以种植者在品种选择上有很大的空间。但要根据不同地区的气候、土壤条件，选择适宜当地发展且有较好市场前景的品种，才能便于后期园区规划设计、管理运营等工作的开展。红阳猕猴桃由于外观、口感俱佳，在市场上颇受欢迎，但其红色素在夏季温度较高、湿度较低的区域就会褪色或完全消失，同时，在高温干旱区域果实生长受阻，因此不能在夏天7—8月平均气温超过28℃且湿度低的地区发展，如湖北、湖南等偏南省份的低海拔地区，除非极少量种植就近采摘销售，且需增加设施的投入；同时由于其树势弱、易受冻害、易感染溃疡病等缺点，冬季和早春温度过低或容易出现倒春寒的地区也不宜发展。由于盲目选择品种，没有考虑适应性的问题，2016年1月的极端低温以及11月底的落叶前低温，致使全国大范围的红阳种植区在2017年春发生了严重的溃疡病，给果农和企业造成了巨大的经济损失。

区域性发展规划在选择品种时，一定要考虑到品种对气候的适应性，其次是当地产业的发展情况及市场前景，做好品种搭配，在保障种植者利益的同时，也能促进当地产业的健康持续发展。

（三）雌雄株搭配

猕猴桃为雌雄异株，雌株和雄株的搭配比例一般为6∶1至9∶1，雌雄株搭配时要求花期相遇，雄株花期覆盖雌株花期时最佳。近些年，中国科学院武汉植物园在雄株选育上也做了大量工作，选育出磨山系列雄性品种，基本覆盖现有种植品种的花期。其中，磨山雄1号、磨山雄2号是早花猕猴桃授粉树，适用于红阳、东红、金玉等早花品种，而磨山雄2号又对红色素的形成有促进作用，磨山雄1号对黄色果肉品种有积极的促进作用；磨山4号、磨山雄5号是中花猕猴桃授粉树，可适用于金艳、金圆、金桃、翠玉等中花品种；磨山雄3号是晚花猕猴桃授粉品种，可适用于海沃德、金魁、

翠香、徐香等品种。

新西兰有些果园采用了两行雌一行雄或一行雌一行雄的种植模式，大大提高了雄株比例，授粉效果大大加强。此种模式只是在雄株树形培养和修剪上做到位即可，一般雄株条带控制在1米范围内，不影响挂果面积及产量。此种方式同样可以用在我国宽行种植中。

（四）栽植距离

根据不同品种的生长特性、土壤肥力水平以及后期水分管理水平确定合适的株行距。每亩定植株数以56～89株为宜，行距3～6米，株距1.5～4米，宜采取宽行窄株。一般树势中庸及偏下的品种，如红阳等，每亩宜定植74～89株，可采取行距4～5米，株距2米；树势偏旺的品种，如金艳、徐香等，每亩宜定植56～74株，行距5～6米，株距可以控制在3～4米。湿度较大、容易积水的情况下，需起高垄定植，行距可以在5～6米；水分缺乏、利于排水的情况下，行距可以在4～5米。同时需要将机械化操作、人力成本控制等因素考虑进来，做好最终设计。

具体株行距确定跟后期管理有很大关系，如果管理到位，即使是红阳，都可以非常旺盛，株距可以在3～4米，行距在4米以上。如果考虑前期产量，也可以采取株距1.5米或2米，按单蔓培养树形。

（五）栽植时期

苗木栽植时间可以从晚秋至早春，长江及以南地区以晚秋栽植最好，此时，蒸发量不大，缓苗时间短，同时土温适宜，可以长出新根，翌年可以直接萌芽抽枝，生长势较为旺盛。长江以北的大多数区域，由于冬季气温较低，为防止冻害的发生，可以在春季栽苗，以萌芽前半个月为好，过晚则会在生根之前萌芽，影响植株长势。

（六）栽植方法

1. 修根、定干 栽植前对受伤或霉烂的根系进行修剪，剪至健康部位，要求剪口平整。对长 30 厘米以上的根适当进行短截，并用生根粉和杀菌剂对根进行浸泡处理，放在田间沟旁边保湿，备用。

栽植前对幼苗地上部分修剪，嫁接口或根颈部以上留 3～4 个饱满芽短剪；剪除弱的、组织不充实的多余枝条或嫁接苗的砧木枝条。同时，对嫁接成苗解除嫁接膜，不要有残留，否则容易在苗木后期生长过程中造成基部卡死的情况。

2. 栽苗 以定植点为中心，挖定植穴，直径 30～40 厘米、深 30～50 厘米，根据苗木根系发达程度确定定植穴大小，将准备好的幼苗放在定植穴中央，用手梳理根系，分布均匀，并拿直，以防"窝根"，使根系的根颈部位确保在定植点，再将细散的白土填入根际，并在填土的同时，不断向上提苗抖动根系，适当压紧，使根系舒展并与土壤密切结合，切忌重踩。栽完以幼苗为中心，将周围的土围拢，形成一个直径 80 厘米，高约 15 厘米的树盘，利于浇水，并防止后期定植点下沉积水。之后浇足定根水，用秸秆、谷壳等粗有机料或地布覆盖树盘，保湿、防草、防止土壤板结。

苗木栽植深度齐根颈或略高于根颈 2～3 厘米，切记不要栽深或平地栽苗而后期起垄，导致根颈深埋。栽苗过深不利于树体生长，时间一长，根颈表层变黑腐烂，须根变黑死亡，导致根腐病发生，严重时树体萎蔫、叶缘焦枯或提早落叶；在黏重土壤或湿度较大的区域发病会更快，在透气性好的沙壤土或沙土，发病较晚。

3. 立支干 萌芽前后离苗木约 5 厘米处立一直径约 2 厘米、高约 2 米的直立竹木棍，上部固定在中心钢丝上，下部入土约 5 厘米，用以引绑主干。如果棚架系统没有提前搭设，竹木棍需要插入土内 25 厘米及以上，以防大风吹倒。新栽苗木不建议用线绳在苗木基部牵引，在枝叶量较大的时期很容易在大风天气将苗木提起；可以用竹木签插入土内，将线绳绑缚在竹木签上。

第四章 育　苗

一、种子采集

（一）种子采集要求

1. **母树选择**　种子采集要求选择品种纯正、植株生长健壮、无检疫性病虫害、果大、种子多的母树。一般用美味猕猴桃品种，如米良1号、布鲁诺、金魁等，或本地生长强旺的野生中华猕猴桃和美味猕猴桃树。

2. **采种时间**　当果实充分成熟，种子呈黑色或深褐色时，采集果实，放在阴凉处自然软熟，软熟果应及时清洗，不能长时间堆沤，以免影响发芽力。

（二）洗种方法

将软熟果实先捣碎，置于细筛或纱布袋中，放入水中冲洗净，去除果肉，清除果浆和碎果皮，然后将初选出的种子和残渣再次淘洗，彻底漂出杂质和空粒，将沉下的种子洗净用纱布滤干后放在室内摊薄晾干，或放在通风干燥处阴干，切忌阳光暴晒。

（三）种子质量要求及保存方法

收集到的种子要求净度95%以上，含水量10%～15%，发芽率65%以上，种子千粒重1.2克以上。阴干后的种子用塑料袋封装后放入 4 ℃低温下贮藏备用。

二、种子处理

为了提高种子的发芽率和发芽整齐度，在播种前需要对收集的种子进行处理，尽快打破休眠，可用以下两种方法。

（一）沙藏层积

将阴干的种子与 5～10 倍体积的清洁细河沙（用 0.2%高锰酸钾消毒）充分拌匀，细河沙湿度以“手捏成团，松开即散”为宜，沙的含水量约为 20%。根据种子数量的多少选用木箱、花盆或纤维袋存放，可直接放入 4 ℃的环境中保存，防止鼠害。如无冷藏条件，可将存放种子的容器埋在室外 40～60 厘米深的土中，土面上盖遮雨设施，防止过多雨水和鼠害。沙藏层积时间以 60 天左右为宜，沙藏开始时间根据播种时间倒推计算。

也可以将成熟健康果实直接沙藏，于播种前洗净阴干，种子发芽率较高。

（二）变温处理

先将种子放在低温（4～5 ℃）环境 12 天以上，然后按白天 20 ℃（要求时长 16 小时），晚间 10 ℃（要求时长 8 小时）交替变温处理，持续 2～3 周。

三、苗床准备及播种

（一）苗床选择

选择背风向阳、排灌方便、pH 5.5～6.8 的地块建苗床，土质以沙壤土最佳，利于排水及根系生长。

（二）苗床整理和土壤消毒

在秋冬季节，按每亩 500～1 500 千克优质土杂肥（堆肥），

3 000千克充分腐熟的牛、马、猪粪或厩肥，100 千克过磷酸钙的标准，地面撒施肥料，将土壤深翻约 30 厘米，使肥料与土充分拌匀，整细压平；土壤较为黏重的地块可以添加适量草炭土或河沙改善土壤通透性；之后用菌毒清、多菌灵、敌磺钠等对土壤消毒，最后开厢起垄做高畦苗床，苗床规格为宽约 1 米、高 20～30 厘米，要求土壤细碎，拣尽杂草碎石，同时床面耙平，待春季温度适宜进行播种。

四、苗圃播种及后期管理

（一）苗圃播种

1. 播种时期　当日平均气温稳定通过 9～10 ℃、播后 20 天日平均气温在 14～15 ℃时最适宜播种；如采用温室大棚播种，则可以提前 20～30 天。

2. 播种量　条播播种量以每平方米 5 克左右为宜，撒播的播种量约为每亩 5 千克。

3. 播种方法

（1）条播　采取横幅宽窄行或顺行条播，行距以 20～30 厘米为宜。播种沟深为 2～3 毫米，后期经过间苗可以不用移栽。

（2）撒播　将种子均匀撒在畦面上，等萌芽长出真叶后再移栽。

取出经层积处理的种子，用干净的细河沙（或细黄土）拌匀，备用；然后在播种床畦面上均匀浇透一层极稀薄粪水或清水，表层 20 厘米土壤均湿透，待水下渗后随即播种；播后用 2～3 毫米厚的过筛细黄土或腐殖质土覆盖种子，其上盖地膜，地膜上盖一层稻草或茅草确保温度起伏正常。

（二）播后管理

1. 揭覆盖物　种子播种后约 20 天，即发芽出土。揭除稻草或茅草，拱起地膜成小棚。随着气温回升，加强拱棚内温湿度管理，白天揭除拱棚两端通风降温，防止棚内温度过高。

2. 喷水保湿 出苗期经常关注苗床的湿度，畦面干燥时及时喷雾化水，一般每周1～2次，慢慢喷透。同时避免湿度过大而导致立枯病。

3. 遮阴 当幼苗基本出齐后，以自然地块为单元，用水泥柱、钢丝、遮阳网搭建荫棚并撤掉拱棚薄膜，或者直接将薄膜更换成遮阳网，荫棚的遮阳网要求遮光率75%左右，四周用遮阳网围挡。荫棚管理要求白天盖，傍晚揭；晴天盖，阴天揭；大雨盖，小雨揭。

4. 施肥 幼苗基本出齐、出现真叶以后，可以每10天左右喷施1次稀薄肥水，可直接用尿素溶液，浓度控制在0.1%以下。

（三）移栽及栽后管理

1. 移栽时期 当幼苗长出3～5片真叶时，即可进行移栽。

2. 移栽前准备

（1）移栽苗圃地 土壤每亩施入氮磷钾复合肥120千克左右、腐熟的农家肥1 000千克左右，实际用量根据不同土壤肥力情况适当调整，将肥料与土壤充分拌匀，并按播种床的消毒方法消毒；然后整成高畦，要求土壤细碎，畦面平整；畦间留有30厘米的操作道。

（2）移栽前播种苗床处理 在移苗前约10天，撤除荫棚周边的遮阳网，于阴天揭开荫棚炼苗；移栽前2～4天对苗床灌透水或在雨后进行移栽，便于带土起苗，减少幼苗根系损伤。

3. 移栽 在移栽苗圃畦面上，按约20厘米行距挖深10厘米左右的浅沟，沟中放消毒过的草炭土或疏松的菜园土，按株距15厘米左右栽苗。

栽苗时间宜选择晴天傍晚或阴天，移栽时要求边起苗、边定植、边遮阴（如果是搭建大型荫棚，在移栽前搭建更好），栽后立即用喷雾的方式浇透水。

4. 荫棚管理 移栽圃的遮阳网的透光率以50%左右为宜，等幼苗成活后，随着其生长，方便时可采取白天盖，晚上揭；等到幼苗长至30厘米以上、苗干完全木质化时可全部拆除；光照强的区域可以根据具体情况调整拆除时间，促使新梢生长健壮。如果选择的苗圃地本身阴凉、光照不足，可不用遮阴。

5. 栽后管理

（1）保湿 遇干旱及时浇水，特别是刚移栽的小苗，移栽苗前期浇水均需采用喷洒方式。同时在苗圃行间覆盖碎的粗有机料如谷壳、松针或锯木屑等保湿、防杂草。

（2）追肥 宜勤施薄施，当移栽苗新长出4～5片叶时，开始追肥，可用0.1%～0.3%的尿素溶液或极稀薄的农家粪水或沼液，浓度可缓慢提高，15天左右施1次，前期单纯施氮肥的苗圃，至7月以后，应加施速效磷钾肥，以利于苗木木质化。

（3）中耕除草 根据土壤情况及时疏松土壤，清除杂草。

（4）摘心 在幼苗长至约50厘米左右时，对其摘心，并及时抹除离地面20厘米以内的茎干萌芽，对其余部位的分枝在20厘米左右采取多次摘心，促进根系扩展、主干增粗。

（5）病害防治 苗圃常见病害主要有立枯病、疫霉病等，主要在高温高湿条件下发生，或者在栽苗基质被有害微生物污染时发生，主要危害刚出土至株高20厘米左右的幼苗，茎基部开始呈水渍状，后期加深变黑，缢缩腐烂，上部叶片萎蔫或呈白色凋枯。

防治措施：拔除病苗，发病前喷等量式波尔多液或在发病初期喷百菌清、甲基硫菌灵等药剂防治；做好园区通风管理，避免过度郁闭，雨季做好排水工作，防止湿度过大。

五、嫁接苗培育

培育嫁接苗，多数采用在早春萌芽前进行室内嫁接，随接随栽，经过一个生长季节的管理，待冬季出圃，进行大田栽苗。

（一）砧木选择

选用与接穗品种属同一种类的幼苗作砧木，亲和性高；并要求砧木植株健壮，根颈以上 5 厘米粗度在 0.7 厘米及以上，基部粗度 0.3 厘米及以上的骨干根 3 根及以上；无检疫性病虫害，无较大新伤。

（二）接穗选择

根据生产需求确定相应品种，选择品种纯正、树势健壮、无检疫性病虫害的母树作为采穗树，要求用一年生的发育枝或健壮结果枝作接穗。枝条健壮充实、芽眼饱满、无病虫伤口。

嫁接前可以用薄膜包好，放置在低温阴凉处保存，也可直接用湿沙保存（手握成团，手松即散）。其间必须按品种、雌雄性别挂牌标识，以便后期使用。

（三）嫁接

具体嫁接方法有单芽切接、舌接、劈接等；除伤流期外，其他时间均可嫁接，在休眠期嫁接易管理、成活率高，特别是伤流前半个月嫁接成活率最高，利于伤口愈合，后期生长健壮。

（四）嫁接苗管理

1. 苗圃准备 按每亩 500～1 500 千克优质土杂肥（堆肥），3 000千克充分腐熟的马、猪粪或厩肥，100 千克过磷酸钙的标准，将土壤深翻 30 厘米，将肥料与土充分拌匀；再用菌毒清、多菌灵、敌磺钠等对土壤消毒，最后开厢起垄做高畦苗床，苗床规格为宽 1～1.2米、高 20～30 厘米，畦间留有 40 厘米的操作道。

2. 移栽 室内嫁接后及时将嫁接苗移栽到苗圃，株距和行距分别是 15～20 厘米、30～40 厘米，深度以泥土盖住根颈部即可，栽后及时浇足定根水，并用碎的粗有机料（发酵过的谷壳、菌渣等）或地布覆盖，防草保湿。

3. 树体管理 对嫁接苗砧木上的萌芽要及时抹除，春季萌芽后每隔 4～5 天进行 1 次，这是促进接芽成活的一项重要措施。嫁接芽没有成活的，留一砧木芽，后期同实生苗管理。

当接芽生长到 30 厘米以上时，在苗旁边立一支柱，并及时将新梢绑缚到支柱上，使其直立生长，防止倒伏；当新梢长至 60～100 厘米（强旺品种长，弱势品种短）时摘心促壮。

嫁接苗成活后，当发现嫁接部位出现缢痕时，应及时松绑；如果没有出现缢痕，则要求在建园定植前必须全部解膜，利于苗木生长。

嫁接苗后期肥水、土壤等管理同实生苗管理，施肥量可以适当增加。

第五章 我国主栽品种介绍

我国自1978年开始全国性的猕猴桃种质资源调查及品种选育以来，至今各科研单位累计选育了150余个优良新品种或新品系，其中用于生产的品种近50个，但生产上种植面积超过1万亩的品种不到20个，主要有徐香、秦美、金魁、米良1号、贵长等美味猕猴桃品种和红阳、金艳、东红、金桃、华优等中华猕猴桃品种，也有早期从新西兰引进的美味猕猴桃品种海沃德，仍是我国的主栽品种（钟彩虹等，2018）。这些品种的详细性状请见黄宏文主编的《中国猕猴桃种质资源》，本书仅介绍几个销售市场上影响较大的品种。

一、中华猕猴桃

（一）红阳

1. 品种特性 红阳是利用河南伏牛山区域的野生中华猕猴桃种子实生选育的首个红心猕猴桃品种，果实较小，平均果重约65克，用氯吡苯脲处理，平均果重可达80～100克；圆柱形或倒卵形，花柱端凹陷约1厘米，果皮绿色或绿褐色，被短茸毛，柔软易脱落，皮薄。果肉黄色或黄绿色，果心白色，种子四周果肉鲜红色，沿果心呈放射状红色条纹，色彩明艳。果实可溶性固形物含量约17%，每100克鲜果肉含维生素C约80毫克，肉质细嫩，芳香多汁，深受消费者喜爱。在温度（1±0.5)℃，湿度95%条件下，

果实可放2～4个月。

植株树势中等，成花容易，需冷量较低，但耐寒性差；萌芽率高达80%左右，坐果率可达90%以上；单花为主。挂果第三年可达盛果期，亩产1 000千克。

成都地区为其主产区，一般在3月初萌芽，4月中旬开花，8月底至9月初果实成熟，12月上旬落叶休眠。近些年贵州六盘水、云南屏边等地也在大力发展，云南屏边由于其物候期比四川成都、湖北武汉等地早近1个月，果实成熟期一般在8月上旬，为当地产品上市提供了先机。配套雄性品种是传统红阳雄株，磨山雄1号和磨山雄2号也可配套，同时由于磨山雄2号对红色素形成有促进作用，所以在雄性品种选择上，可偏向选择该品种。

2. 管理要点 红阳最适宜于冬季极端低温0℃以上，夏季最热月平均气温28℃以下的区域种植，此时果实种子分布区红色深，果实品质最佳，且不易感染细菌性溃疡病。在其他地区，若没有保护措施，则管理上易出现问题。

红阳树势相对较弱，抗性较差，夏季不耐高温，冬春不抗寒。易感细菌性溃疡病及果实软腐病、黑斑病等真菌病害，在病虫害防治时，易产生药害。

若在夏季7、8月平均气温在28℃以上，很容易造成花青素降解，果心颜色变浅或消退；同时容易造成叶片卷曲，影响树势。如在湖南长沙、湖北武汉以及江西部分产区很容易出现红色素减少等情况。冬季低温若经常处在0℃以下，很容易导致低温冻害以及溃疡病的发生；若种植区域的湿度较大，溃疡病暴发的可能性加大，甚至造成毁园，有的甚至在温度相对较高的区域也会造成溃疡病的暴发。

由于其对果实软腐病抗性较差，同时加上采收期偏早，成熟时气温偏高，很容易导致软腐病的大量发生，给经销商和消费者带来不同程度的损失，并影响消费者对国产猕猴桃的印象和信心。

红阳属于小果型品种，果实需要在花后15天左右进行氯吡苯脲处理，浓度以5～10毫克/升为宜，这样才能促进果实增大，红色素增加。但用氯吡苯脲处理果实，易使其感染果实软腐病，特别是过量使用，易出现空心、畸形果，需严格控制使用浓度，并加强病害防治。

因此综合该品种特性，该品种宜选择最佳生态区域，精细化管理，或采取设施栽培，适量发展，不宜盲目大规模发展。

（二）东红

1. 品种特性 东红是中国科学院武汉植物园从红阳的实生后代中选育出的红心猕猴桃品种，于 2012 年通过国家品种审定，2016 年 11 月获得植物新品种权。平均单果重 50～70 克，但果肉紧实，比重大，体积较红阳更小。但在正常浓度的氯吡苯脲的刺激下，单果重一般可达 80～100 克，大的可超过 110 克。

果实长圆柱形，果形指数 1.3，果顶圆、平或微凸，果面绿褐色，果面被短茸毛，易脱落，整齐美观，果皮厚，果点稀少。果肉黄色，果心四周红色鲜艳，色带略比红阳窄。果肉质地细嫩，风味浓甜，香气浓郁，可溶性固形物含量 17%～20%，每 100 克鲜果肉含维生素 C 100～153 毫克，较红阳稍高。

果实贮藏性极佳，常温下果实后熟需要 20～30 天，1～2 ℃低温下果实后熟时间 60～70 天。果实软熟后的货架期长，常温下 10～20天，低温下 2 个月左右。东红果实在 1～2 ℃低温下可存 6～7 个月，气调低温贮藏效果更佳，且果实微软可食用，是目前耐贮性极佳的中华猕猴桃品种。在贮藏过程中果皮易失水起皱，需要注意保湿。

树势中等偏旺，枝条粗壮，叶片大，叶色浓绿，成花容易，需冷量较低，耐寒性差；萌芽率 70%左右，坐果率可达 90%以上；单花、三花为主。挂果第三年可达盛果期，亩产可达 2 000 千克，第六年以上成年园，亩产高者可达 3 000 千克。

成都地区为其主产区，一般在 3 月初萌芽，4 月中旬开花，9 月上中旬果实成熟，12 月上旬落叶休眠。配套雄性品种是磨山雄 1 号和磨山雄 2 号。

2. 管理要点 东红最适宜于冬季极端低温 0 ℃以上，夏季最热月平均气温 28 ℃以下，年日照时数 1 100 小时以上的区域种植，此时果实风味品质最佳，不易感染病害。

东红树势强旺，需要在春季对靠近主干或主蔓 30 厘米以内的强旺春梢进行重摘心，促发二次梢，培养成中庸健壮枝留作翌年的结果母枝；或者直接对该强旺春梢采取扭梢处理，降低长势，促进花芽分化，直接培养成翌年结果母枝。同时，该品种与红阳一样，属于小果型品种，果实需要在花后 14 天左右进行氯吡苯脲处理。东红是红阳的实生后代，对低温、高温及溃疡病的抗性稍强于红阳，但不属于高抗品种，所以在选择种植区域及后期管理上均需要按该品种特性而定。

若遇夏季高温，如 7、8 月平均气温在 28 ℃以上，也会造成花青素降解，果心颜色变浅，甚至消退；但植株很少出现叶片卷曲等情况。不要在冬季低温经常处在 0 ℃以下的地方种植，很容易导致低温冻害以及溃疡病的发生；若种植区域的湿度较大，溃疡病暴发的可能性加大，甚至造成毁园。

东红相对于红阳以及其他种植品种一个重要的优点就是其对果实软腐病的高抗性，此特点保证了经销商的低损耗，确保了经销商利益，所以得到了越来越多的经销商特别是电商的青睐。

（三）金艳

1. 品种特性 金艳是由中国科学院武汉植物园选育的国际上第一个具有商业推广价值的种间杂交品种，其母本是毛花猕猴桃，父本是中华猕猴桃。2006 年通过湖北省林木品种审定委员会审定，2007 年即授权四川中新农业科技有限公司在四川省蒲江县商业化种植，2009 年获得植物新品种权，2010 年通过国家级林木品种审定委员会审定。因突出的耐贮性及风味品质，短短几年成为四川蒲江和邛崃片区的主栽品种。目前已成为我国黄肉猕猴桃主栽品种，种植面积累计发展到 20 余万亩，为国际上三大黄肉猕猴桃品种之一。

果实长圆柱形，平均果重 100～120 克，果顶微凹，果蒂平；果皮厚，黄褐色，密生短茸毛，果点细密，红褐色。果肉黄色，质细多汁，味香甜，可溶性固形物含量 14%～16%，每 100 克鲜果肉含维生素 C 约 100 毫克。果实贮藏性极佳，常温下果实后熟需要 40 天左右，1～2 ℃低温下果实后熟时间 60～70 天。果实软熟后的货架期长，常温下 15～20 天，低温下 5～6 个月。即金艳果实在低温下（1～2 ℃）可存 7～8 个月，气调低温贮藏效果更佳，是目前耐贮性极佳的品种。

植株树势较旺，成花易，需冷量低，但耐寒性较差，果实耐热性较差，适于冬暖夏凉地区种植。萌芽率约 60%，结果枝率 90% 以上；叶片大，较薄，近圆形，纸质具光泽；幼年树叶柄鲜红色，成年树叶柄黄褐色。花为聚伞花序，以 3～7 花为主，如果冬季留结果母枝过粗或修剪过重，主花易变为畸形花。坐果以长果枝为主，长果枝占总果枝数的 65%，每果枝坐果 4～8 个。丰产稳产，成年园亩产 2 000 千克左右，管理水平高的果园可达 3 000 千克以上。

金艳目前在四川成都、江西奉新以及赣南等地区发展较多，3 月上旬萌芽，4 月下旬开花，10 月底至 11 月上旬果实成熟，果实生育期为 200 天左右，比一般品种长 1～2 个月。配套雄性品种是磨山 4 号、磨山雄 5 号。

2. 管理要点 金艳最适宜于冬季极端低温 0 ℃以上，夏季最热月平均气温 30 ℃以下，年日照时数 1 500 小时以上，年均≥10 ℃积温在 5 000 ℃以上的区域种植，此时果实风味品质最佳，不易感染病害。

金艳是种间杂交品种，花序特性似母本毛花猕猴桃，花芽分化复杂，冬季选留结果母枝时，尽量选留基部直径在 1.5 厘米以内的一年生枝，且冬季不宜修剪过重。对靠近主蔓或主干的强旺春梢，可采取重摘心促发二次梢或扭梢等处理，降低枝梢长势，促进所留枝条的花芽分化，确保翌年产量，降低畸形果率。成年后，如修剪偏重，中心花畸形率相对其他品种较高，在疏蕾时可以选留正常的较大一级侧蕾，同样可以长成商品果。

金艳不耐低温，不适宜于长江以北的区域种植。冬季－2 ℃以下的低温维持较长时间会对其造成伤害，轻者使其感染溃疡病，重者使其树干裂皮，植株死亡。同时，金艳果实也不抗高温，尤其在幼果期，如果气温达到 35 ℃以上，很容易导致果实热害，出现果面凹陷等症状，后期阴雨导致霉菌侵染。

金艳对于日照时数要求较高，一般在 1 500 小时以上品质较好；同时植株对硼肥的需求较其他品种大，需要在选地建园和后期管理过程中做好相应措施。

金艳是大果型品种，生产上严禁使用氯吡苯脲处理，用氯吡苯脲处理后，果实软腐病加重，耐贮性急剧降低，严重时会发生采前大量落果。

（四）金桃

1. 品种特性　金桃属于野生资源选育品种，是由中国科学院武汉植物园从江西武宁县野生中华猕猴桃资源中选出。2001 年授权意大利金桃公司全球商业开发，成为我国第一个实现国际商业化推广的果树品种，多年来已成为国际上最具竞争力的黄肉猕猴桃品种之一，获得多个国家的品种保护。2010 年北京华麟农科科技有限公司与意大利金桃公司合作，获得金桃在我国的商业开发权，目前河南省西峡县是金桃在我国种植面积最大的生产区。

金桃果实长圆柱形，果形指数 1.6，大小均匀，平均果重 80～100 克；果皮黄褐色，皮厚，成熟时果面光洁无毛，果顶稍凸，外观漂亮。采收时，果肉呈黄色，其色度角约 104°，随着后熟转为金黄色，果肉色度角在 100°以下；果肉质地脆，多汁，酸甜适中，可溶性固形物含量 17%左右，每 100 克鲜果肉含维生素 C 约 200 毫克，果心小而软。果实耐藏性好，采收后熟需要约 25 天；低温贮藏条件下，可以贮藏 6 个月左右。

树势强旺，枝条萌发力强，叶片中等大小，质地厚，叶色浓绿，有光泽，叶柄红色。花多为单生，以短果枝和中果枝结果为主，平均每果枝结果 8 个，坐果率高达 95%。需冷量高，耐寒性强，成花要求低温积累量相对较高，适宜于湖北以北区域发展。成年园亩产可达1 500～2 000千克。

在西峡县域内，3月下旬萌芽，4月下旬到5月初开花，10月上中旬果实成熟，12月上旬落叶休眠。配套雄性品种是磨山4号和磨山雄5号。

2. 管理要点 金桃耐寒性较强，适宜在冬季0～7℃的低温时间超过1 000小时、冬季极端低温在－5℃以上、年日照时数1 500小时以上、年均≥10℃有效积温超过4 500℃的区域种植，果实风味品质最佳，丰产稳产。如湖北建始、河南西峡以及陕西南部等类似气候区域均是金桃适宜种植区域，但在赣南、云贵川高原气候区、广东和平等冬季低温不足区域，不适宜金桃种植，难以成花。

金桃树势强旺，枝条萌发力强，春季对外围枝条摘心或剪梢后易发二次梢，需要尽快疏除或对二次梢重摘心；而对靠近主干或主蔓的健壮营养枝或结果枝长放，仅剪除其顶部卷曲部分，培养为翌年的结果母枝。

金桃的果实迅速膨大期在花后1个月内完成，此时期的肥水管理尤为重要，壮果肥在花前即可使用，水分供应要充足且均匀，土壤应长期保持湿润状态，切忌忽干忽湿，否则很容易造成裂果。

（五）金圆

1. 品种特性 金圆是中国科学院武汉植物园选育的黄肉猕猴桃新品种，是从金艳与中华猕猴桃变型红肉猕猴桃的雄株杂交一代中选育而成，2012年通过国家品种审定，2016年获得植物新品种权证书。

果实短圆柱形，平均果重100克左右，果面黄褐色，密被短茸毛，不易脱落，果喙端平或微凹，果肩平，美观整齐。果实横切面为圆形，中轴胎座小，质地软。果肉金黄色，软糯可口，细嫩多汁，风味浓甜微酸，可溶性固形物含量16%左右，每100克鲜果肉含维生素C约120毫克。果实极耐贮藏，常温下果实软熟需要

约30天。在贮藏过程中果皮易失水起皱，贮藏期间需要保湿。

树势强旺，枝条粗壮，枝条萌发力中等；叶色浓绿，叶片较大，叶厚，叶柄向阳面有微红色；花以序花为主，三花序花率70%左右。萌芽率约65%，结果性能好，以长果枝结果为主。成年园亩产可达2 000千克。

目前主要在贵州大方及江西进贤、抚州种植，3月上旬萌芽，4月中下旬开花，10月中旬成熟，12月落叶休眠。配套雄性品种为磨山4号、磨山雄5号。

2. 管理要点　金圆的抗寒性及耐热性强于母本金艳，适宜于冬季极端低温−3 ℃以上，夏季最热月平均气温30 ℃以下，年日照时数超1 500小时，年均≥10 ℃有效积温超过4 500 ℃的区域种植，果实风味品质佳，不易感染病害。

金圆是种间杂交二代品种，特性更偏向中华猕猴桃，其需冷量高于金艳，生长势强旺，对靠近主蔓或主干的强旺春梢，可进行重摘心促发二次梢或扭梢等处理，降低枝梢长势，培养优良的结果母枝。

（六）满天红

1. 品种特性　满天红是中国科学院武汉植物园选育的观赏鲜食兼用品种，2014年通过国家品种审定，同年11月获得新品种权证书。

花冠为玫瑰红色，花量大，花期长，非常艳丽。果实为长卵圆形，平均单果重72克，果皮浅褐色有短茸毛，成熟时脱落，果顶微凸，果蒂平，果点密集，突出。果肉黄色，可溶性固形物含量约16%，每100克鲜果肉含维生素C约80毫克，果实耐贮性中等。

植株长势中等，株型紧凑，萌芽率约65%；叶片近扇形，纸质具光泽，以中短果枝结果为主。

在湖北武汉，3月中旬萌芽，4月中旬开花，花期10天以上，果实成熟期9月底至10月初。配套雄性品种是磨山雄1号。

2. 管理要点　满天红目前主要在湖北武汉、黄石以及偏南方较温暖的区域、北方庭院大棚内种植，种植面积较小，主要用来观赏。

该品种的抗寒、抗病能力较差，特别是对软腐病和溃疡病均没有抗性，适于大棚栽培或在冬季低温 4 ℃以上且相对干燥的区域种植，但易成花，需冷量极低；生产上需加强果实病害如果实软腐病的防治。

（七）皖金

1. 品种特性 皖金由安徽农业大学园艺学院与皖西猕猴桃研究所共同选育。

果实卵圆形，整齐，果大，平均果重约 130 克，果皮棕色，表面较光滑，有短茸毛；果肉黄色，质细嫩，可溶性固形物含量约 14%，每 100 克鲜果肉含维生素 C 约 75 毫克。果实贮藏性好，常温下可贮藏 30 天以上，1～2 ℃条件下可贮藏 6 个月。果实稍硬即可食用，果实软熟后常温下可放 10 天左右，低温下 30 天左右。但果实贮藏过程中易失水，果皮易起皱，需要在贮藏过程中做好保湿工作。

植株枝条深褐色，表皮粗糙，皮孔大而多；冬芽大而饱满，芽苞外露；叶片近圆形，叶尖急尖。植株生长势强劲，萌芽率约 50%，以短果枝结果为主，盛果期每亩产量高达 2 000 千克以上。

目前主要在安徽金寨种植，3 月中旬萌芽，4 月底至 5 月上旬开花，11 月果实成熟。该品种适应性强，抗寒、抗溃疡病，对果实软腐病、叶斑病等抗性亦较强，生长期病虫危害较轻。

2. 管理要点 皖金植株虽然长势健壮，但枝条萌发力较弱，尤其对于幼树造型期，需要较强的剪口刺激促发新梢；管理过程中经常出现三角区空缺现象，需要在冬季修剪和生长季节管理上做好相应对策，如幼树重剪，不要随便抹除徒长芽等。

果实成熟期较晚，在选地建园过程中要避免早霜的危害；果实品质易受采前天气的影响，若出现采前阴雨天气较多的情况，很容易导致果实品质下降，因此需要在选地时重视气候因素。

（八）金梅

1. 品种特性 金梅是中国科学院武汉植物园从金艳与中华猕

猴桃变型红肉猕猴桃的雄株杂交后代中选育，属金圆的姊妹株系，于2014年通过国家品种审定，2016年获得植物新品种权证书。

果实长扁椭圆形，上小下大，平均果重110克，果皮黄褐色，果面有短茸毛，果肩斜，果顶圆。果肉黄色，味浓甜，香气浓郁，质嫩，多汁，口感佳。果实软熟后平均可溶性固形物含量16%，每100克鲜果肉含维生素C约120毫克。果实较耐贮藏，采后20天左右软熟。

树势强旺，萌芽率约60%，结果枝率90%以上。以短果枝结果为主，丰产性能好，盛果期每亩产量可达2 000千克以上。

目前主要在湖南花垣县种植，3月中旬萌芽，4月下旬开花，4月底至5月初坐果，10月中旬果实成熟。配套雄性品种是磨山4号、磨山雄5号。

2. 管理要点 植株长势强旺，需要控制好营养生长与生殖生长之间的平衡，以果压枝，避免过量夏秋梢萌发；合理规划密度，做好夏季修剪，避免过度郁闭。冬季选留长势中庸的结果母枝；畸形中心花蕾可以用发育良好的一级花蕾代替，严格做好疏蕾工作，避免养分浪费及后期管理麻烦。

（九）翠玉

1. 品种介绍 翠玉是由湖南省园艺研究所从湖南溆浦县野生猕猴桃资源中选育而成，2001年通过省级品种审定。本品种抗性强，尤其对溃疡病表现出高抗特性，受到越来越多地区和业主的青睐。

果实扁圆锥形，平均果重90克，果皮绿褐色，成熟时果面无毛，果点平，中等密。果肉绿色，果心较大，种子较多，肉质致密，细嫩多汁，风味浓甜，可溶性固形物含量约17%，最高可达20%。果实极耐贮藏，室温下可贮藏30天以上，0～2 ℃低温下可贮藏4～6个月，果实微软时可食用。但其在贮藏过程中容易失水，果品皱缩，所以在贮藏过程中需要做好保湿工作。

植株树势中庸，萌芽率约80%，结果枝率约95%。嫩梢底色绿灰，叶片较小，肥厚，深绿色，蜡质多，有光泽。花多为单花，少数为聚伞花序，以中、短果枝结果为主，丰产性良好。盛果期每亩产量1 500～2 000千克。

目前主要在湖南湘西、浙江泰顺、四川成都等地种植；近几年由于其良好的口感、对溃疡病的高抗特性，各地也在陆续引种试种，相信其在不久的将来会形成较大规模。在浙江泰顺，3月中旬萌芽，4月下旬开花，10月中旬果实成熟。配套雄性品种是磨山4号、磨山雄5号。

2. 管理要点 翠玉果形容易受到海拔或纬度的影响，海拔较高、纬度偏高的区域产出的果实纵径缩短，而横径变大。花期要授粉充分，授粉不良除了导致果实畸形外，还容易导致果面凹凸不平，严重影响果实外观。最好在空气相对湿度较大的区域种植，利于果实膨大及提高外观整齐性。该品种高抗溃疡病，但在高温高湿、园区通风不良情况下，易得黑斑病和果实软腐病，危害枝、叶、果，生产上要注意果园通风排湿，加强真菌病害的预防。

二、美味猕猴桃

（一）海沃德

1. 品种特性 海沃德来源于新西兰人1904年从我国湖北宜昌引进的美味猕猴桃种子的实生后代，是全球最早商业推广的猕猴桃品种，虽然全球品种层出不穷，但海沃德目前仍是种植面积最大的品种。1980年引进我国种植，至今仍是我国主要商业栽培品种，种植面积占到全国猕猴桃种植总面积的20%～30%。

果实圆柱形或宽椭圆形，平均果重约110克，密被褐色硬毛。果肉绿色，果心较小，肉汁多，甜酸可口，可溶性固形物含量15%左右，每100克鲜果肉含维生素C约100毫克，果肉尚未完全软化也可食用。果实耐贮藏且货架期长，室温下可贮藏30天左右。

该品种长势旺盛，萌芽率40%～50%，枝条萌发力较低。叶片大，肥厚，深绿色，被蜡质，有光泽；以长果枝结果为主，长果

枝占总果枝的62%；丰产性较好，童期稍长，盛果期亩产可达2 000～2 500千克。植株抗性强，高抗溃疡病、叶斑病，耐干旱，需冷量较高，适于冬季0～7 ℃低温900小时以上的区域发展。

目前我国主要在陕西周至、眉县，河南西峡，四川都江堰等地栽培。在河南西峡，3月下旬萌芽，4月上中旬展叶，5月上旬开花，花期7天左右，10月中旬果实成熟。配套雄性品种是Chieftain、Matua。

2. 管理要点　该品种适宜于冬季冷量充足、阳光充沛的区域种植，冬季冷量不够，影响成花和第二年产量；光照不足会对果实品质有较大影响；冬季修剪时枝条适宜长放，否则容易造成枝条旺长。

（二）徐香

1. 品种特性　徐香是由江苏省徐州市果园从北京植物园引入的美味猕猴桃实生苗中选出，1990年通过省级品种审定。

果实圆柱形或倒梯形，平均果重70～80克，果皮黄绿色，被黄褐色茸毛，果顶微突。果肉绿色或黄绿色，汁液多，肉质细嫩，具草莓味等多种果香味，酸甜适口，可溶性固形物含量约17%，每100克鲜果肉含维生素C约100毫克。果实在室温下可存放30天左右，耐贮藏。

植株生长旺盛，嫩枝绿褐色，叶片大，倒卵形，叶面绿色，有光泽；花单生或三花聚伞花序。以短果枝结果为主，在正常管理条件下，盛果期每亩产量可达2 000～2 500千克。

目前主要在陕西、河南、江苏、山东、浙江等地栽培，均表现良好，适应性强，产量高，是近几年备受消费者青睐的少数绿肉猕猴桃品种之一。在河南西峡，3月下旬萌芽，5月初开花，花期7天左右，10月上中旬果实成熟。配套雄性品种是徐州75-8。

2. 管理要点　植株生长旺盛，需要控制好营养生长与生殖生长之间的平衡，以果压枝，避免过量夏秋梢萌发；合理规划密度，做好夏季修剪，避免过度郁闭而造成病虫流行。

由于其果实较小，生产上常用氯吡苯脲促进果实膨大，一般在花后20天左右施用。

果实极易感染果实软腐病，用氯吡苯脲后更加重，需要在果实的整个发育阶段进行有效防控，采果后及冬季做好防治与清园，降低病菌基数，提高果实商品性。

（三）秦美

1. 品种特性 秦美由陕西省果树研究所和周至县猕猴桃试验站联合从陕西周至县野生资源中选出，1986年通过省级品种审定。

果实短椭圆形，平均果重约100克，果皮绿褐色，较粗糙，果点密，柔毛细而多，手触即落，萼片宿存。果肉淡绿色，质地细，汁多，味香，酸甜可口，可溶性固形物含量14%～15%，每100克鲜果肉含维生素C约200毫克。耐贮性中等，常温条件下可存放15～20天。

植株长势较强，萌芽率约50%；叶片椭圆形，较大，纸质，边缘有刺状齿。花较大，多单生；以短果枝结果为主，丰产性能良好，盛果期每亩产量可达2 500千克以上。

该品种适应性和抗逆性均强，抗寒、抗溃疡病，耐瘠薄，目前主要在陕西种植，果实大多用于加工。在当地3月下旬至4月上旬萌芽，5月上旬开花，10月中下旬果实成熟。

2. 管理要点 植株生长健壮，耐粗放管理，丰产性能良好，目前生产中主要存在的问题是早采以及生长调节剂的滥用，影响了果实原有的品质与风味。

（四）米良1号

1. 品种特性 米良1号是湖南吉首大学从湖南凤凰县野生猕猴桃资源中选育，果实长圆柱形，美观整齐，平均果重约100克，果皮棕褐色，被长茸毛，果顶呈乳头状突起。果肉黄绿色，汁液多，酸甜适度，风味纯正具清香，可溶性固形物含量约15%，每100克鲜果肉含维生素C约150毫克。果实较耐贮藏，在室温下可贮藏20～30天。

植株长势旺，叶片近圆形，颜色浓绿有光泽，叶缘有芒状针刺。花单生或序生，成花容易，在雄株充足的情况下，自然授粉坐果率90%以上；丰产性极佳，盛果期每亩产量可达2 500千克以上。该品种抗逆性强，较抗溃疡病、叶斑病等，适宜栽培地区广泛。

目前主要在湖南西部地区有种植，多数用于加工。在湖北武汉，3月上旬萌芽，4月下旬开花，10月下旬果实成熟。配套雄性品种是帮增1号。

2. **管理要点** 该品种也属大果型品种，果实不需要生长调节剂的刺激都能达到100克左右，相反使用调节剂后果实耐贮性下降，抗病能力减弱，若肥水管理不到位，则很容易出现树体早衰的情况，严重影响种植业主的利益。

虽然植株长势旺盛，丰产性能良好，在生长季节很容易做到营养生长与生殖生长的平衡，但结果过多，果实品质商品性难以保证，关键是做好花期授粉及果实生长期的肥水管理，确保丰产优质。

(五) 金魁

1. **品种特性** 金魁是湖北省农业科学院果树茶叶研究所从湖北省竹溪县野生猕猴桃优株竹溪2号的种子播种后代中选育而成，1993年通过省级品种审定。

果实阔椭圆形或圆柱形，略扁，平均果重100克以上，果顶平，果蒂部微凹；果面黄褐色，茸毛中等密，棕褐色，少数有纵向缢痕。果肉翠绿色，汁液多，风味特浓，酸甜适中，具清香，果心较小，可溶性固形物含量约19%，每100克鲜果肉含维生素C约150毫克。果实耐贮性好，室温下可贮藏40天左右。

植株生长健壮，萌芽率约50%；叶片厚，角质层厚，叶柄短；多以单果着生。童期稍长，盛果期每亩产量可达2 000千克以上。该品种高抗溃疡病，抗逆性强。

在武汉3月上旬萌芽，4月底至5月上旬开花，10月底至11月上旬果实成熟。配套雄性品种是磨山雄3号。

2. 管理要点 该品种抗溃疡病较强，但对果实软腐病呈现易感状态，需要在果实发育过程中做好相关防控工作。

单果着生，几乎不用疏蕾，可节约大量劳力，但需要在花期授粉充足，方可确保产量。

抗性较强，但需冷量较高，不宜在冬季温度较高的区域种植。

（六）贵长

1. 品种特性 贵长是贵州省果树研究所在贵州紫云县进行野生资源调查时发现的优良品系，现已成为贵州省主栽品种之一，主要在贵州省修文县种植。

果实长圆柱形，略扁，平均果重85克，果顶椭圆，微凸；果皮褐色，有灰褐色的较长的糙毛。果肉绿色，肉质细、脆，汁液较多，甜酸适度，清香可口，可溶性固形物含量约15%，每100克鲜果肉含维生素C约100毫克，品质优，是鲜食与加工兼用品种。

该品种树势强旺，萌芽率约70%，结果枝率92%。叶片大，肥厚，叶色浓绿；多为三花聚伞花序，以长果枝结果为主。丰产性较好，童期稍长，盛果期每亩产量1 500～2 000千克。该品种适应性强，在贵州省海拔800～1 500米的范围内，无论平地、山地和坡地栽植生长结果均良好。

目前除在贵州部分区域种植外，在四川也有少量发展。在修文县，3月下旬萌芽，4月下旬至5月上旬开花，10月上旬果实成熟。

2. 管理要点 植株长势强旺、果实偏小，需要控制好营养生长与生殖生长之间的平衡，以果压枝，避免过量夏秋梢萌发。合理规划种植密度，做好夏季修剪，避免过度郁闭；冬季选留长势中庸的结果母枝，可以在生长季节通过重摘心等措施促发中庸枝条。

避开海拔过高、湿度过大的区域种植，避免溃疡病。易感染果实软腐病，需加强花期前后的药剂防治。

（七）翠香

1. **品种特性**　翠香是西安市猕猴桃研究所和周至县农技试验站从野生猕猴桃资源中选育，于2008年通过省级品种审定。

果实长纺锤形，略扁，果顶端较尖，整齐，平均果重约90克，果皮较厚，黄褐色，难剥离；稀被黄褐色硬短茸毛，易脱落。果肉翠绿色，质细多汁，甜酸爽口，有芳香味，果心细柱状，可溶性固形物含量约16%，每100克鲜果肉含维生素C约150毫克。果实耐贮性中等，在室温条件下后熟期约10天，1℃条件下可贮藏3～4个月。

该品种生长势中庸，萌芽率约60%，结果枝率80%以上。幼芽枝叶紫红色，茸毛深红色，密而长。多年生枝褐色，有明显小而稀疏的椭圆形皮孔，无茸毛。花单生，一般每个结果枝有3～6朵。以中果枝结果为主，童期稍长，丰产性较好，盛产期每亩产量可达1 500千克。该品种适应性广，抗寒，较抗溃疡病，适宜于温度较低的偏北方区域种植。

目前该品种主要在陕西周至县、眉县种植，近几年全国多地都在引种试种。在陕西周至县，3月下旬萌芽，5月上旬开花，9月上旬果实成熟。

2. **管理要点**　该品种长势中庸，枝条萌发力稍弱，需要大肥大水的管理条件，减少生长季后期氮肥的施用，促进枝条老熟及提高其花芽分化程度，提高植株开花挂果能力。

幼树造型阶段，需要重剪，促使树冠快速成型，确保后期产量。

果实较易感染果实软腐病及“黑头病”，需要在果实发育过程中做好相关防控工作，提高果实商品性，确保种植、销售等各方利益。

第六章

猕猴桃十二个月管理要点

一、冬季管理

从落叶至翌年萌芽前阶段为猕猴桃园冬季管理阶段，包括落叶期、休眠期、伤流期，此时期主要的园区管理是修剪、绑蔓、清园、补苗、嫁接（改接）、清耕晾土、浇水、清沟、棚架整修等。秦岭—淮河一线以北区域，主要是11月至翌年3月间，而秦岭—淮河一线以南区域，为12月至翌年2月立春前；对于云贵川部分低纬度高海拔地区，为12月至翌年1月中旬。

（一）冬季整形修剪

整形和修剪的根本作用就是调节生长和结果之间的平衡，即生殖生长与营养生长的平衡，是猕猴桃树体管理最为重要的方面，是决定果园能否获得持续稳定高产的主要因素之一。一个管理到位的猕猴桃园，应树形合理、修剪得当、枝条完全外敞，架面上叶幕层分布均匀，无枝条杂乱缠绕的现象。枝条外敞最终有利于喷药时雾滴充分均匀地进入冠层，园内空气流通顺畅，阳光能射入冠层，由此能大大降低真菌病害如灰霉病、菌核病、黑斑病等流行的风险，同时方便抹芽、摘心、疏花疏果、授粉、采收等管理工作，提高工作效率。树冠敞开也能让果实接受足够的阳光照射，有利于果实成熟，并利于为下一产季培养成熟的结果母枝，足够的阳光照射可以刺激主蔓或接近主蔓的侧蔓基部隐芽萌发。

1. **幼树修剪**　对于未上架（没有形成树体骨架，即没有形成尾部直径在1厘米左右的两蔓，或没有良好的主干）的幼树，视情况进行回剪，主干越细弱越重回剪，剪口与嫁接口之间至少要保留2～3个饱满芽，剪口至最后一个芽苞至少距离5厘米左右，尤其对冬季湿度较小的北方来说，更要保证所留桩头的长度，否则容易干枯，影响来年萌芽。待来年萌芽后选留一枝健壮新梢作为主干培养，重新培养树形，见春夏季管理中的“树体管理”。在弱树回剪操作上一定要避免所留枝条太长而达不到回剪的目的。为保护剪口，剪完后可在剪口涂药，防止病原菌侵染。

对于上架及初挂果幼树的主蔓修剪：主蔓生长正常时，仅对主蔓上的枝条进行处理，其中生长势较强的枝条在剪口粗度0.8厘米以上位置短截，作为翌年的结果母枝；生长势弱的枝条一律留2～3个饱满芽重剪，翌年促发新梢，再培养为第三年的结果母枝。主蔓的枝蔓切忌从基部平剪，否则容易出现空膛。如果幼树主蔓出现衰弱象或被冰雹、病虫害等危害时，可从该主蔓基部选留一强壮侧蔓更新主蔓，而将原主蔓从侧蔓附近处短剪，保证幼树培养的主蔓长势均匀，骨架合理。

对于初挂果树上已有抽生结果枝的当年结果母枝，选留结果母枝基部靠近主蔓的良好营养枝或粗壮结果枝作为下年结果母枝，其余的均剪除；若选留的是第二根或其他靠后的枝条，则在主蔓附近选择一根枝条留2个有效芽短截（同主蔓上弱枝的处理）。对过于密集的枝蔓，要适当疏除，不能影响树形的培养；同侧的枝蔓保留约20厘米的距离。

2. **成年雌树修剪**　对成年雌树的修剪，第一步，采取留芽定产的方法进行剪前预算：按行距4米、株距2米统计，每亩83株，除去缺株、雄株，雌株按65株计，亩产1 500千克，则每株产量约23千克；按10～12个果重1千克计，则每株树挂230～280个果；按每个结果枝挂3个果计，则每株树需80～90根结果枝；按每根结果母枝8根结果枝计，则需要在冬季修剪时留10～12根健壮结果母枝，根据不同品种的萌芽率和结果枝率，冬季修剪至少要留饱满芽120～200个，萌芽率高的品种留芽数少，萌芽率低的品种留芽数多。当然，以上需要对果园的整体情况比较了解后，适当做一些调整，若树势较弱则需要将挂果量调低，相反可调高。第二步，剪除所有的卷曲枝、枯枝、病虫枝、伤枝。第三步，对余下的健康枝按以下修剪方法处理。

(1) 结果母枝的更新 结果母枝是指抽生当年生结果枝或营养枝的二年生枝，每年冬季修剪时需要选择当年生长势中庸（距基部约10厘米处粗度1～1.5厘米最佳）、节间较短、芽苞饱满、组织充实、充分接受阳光照射的结果枝或营养枝作为翌年结果母枝（图6-1）。更新选留原则是尽量选择靠近主干或主蔓的当年生营养枝或结果枝、适当利用当年直接从主蔓上抽发的营养枝作为翌年结果母枝，且营养枝优先。具体修剪方法如下。

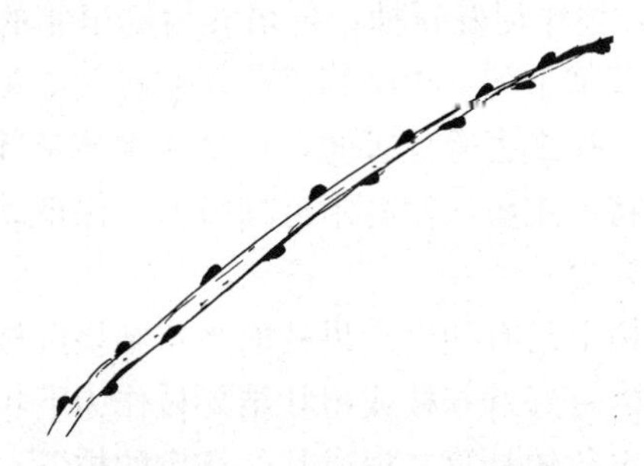

图6-1 优良结果母枝

① 单枝更新。当结果母枝基部有生长健壮的长结果枝或营养枝，则保留最靠近基部的1个营养枝或长结果枝，其余枝条全部剪除，即为结果母枝的单枝更新（图6-2）。

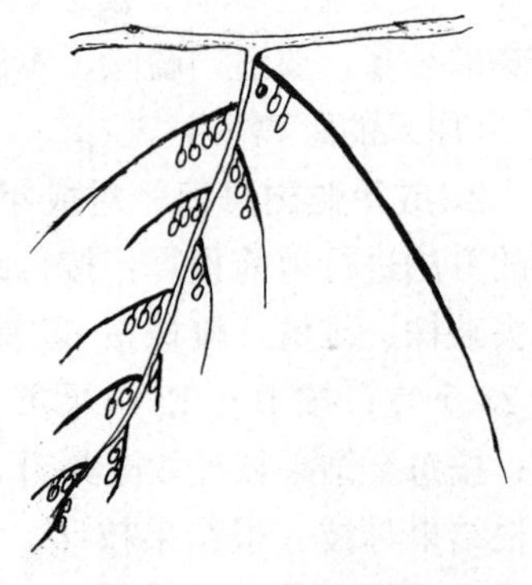

图6-2 单枝更新

② 双枝更新。当结果母枝生长中庸，基部枝条较弱，而中上部有强壮结果枝，则基部保留1个

弱枝重短截，中部保留 1 个强壮结果枝，其余全部剪除，此过程即为结果母枝的双枝更新（图 6-3）。

③ 轮换更新。当结果母枝生长衰弱，其上结果枝大量结果下垂，则保留基部 1～2 个结果枝重短截，其余剪除，同时从结果母枝邻近部位选留健壮营养枝临时性替补作为下年结果母枝，此过程即为结果母枝的轮换更新（图 6-4）。

这样既保证翌年产量，又保证翌年能抽发足量的健壮发育枝或结果枝，防止结果部位外移。

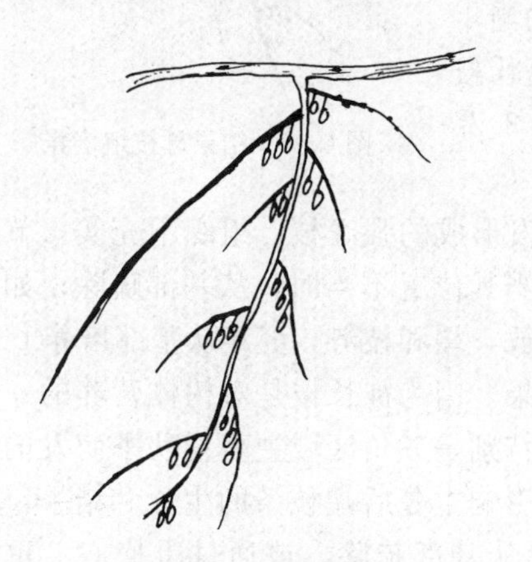

图 6-3 双枝更新

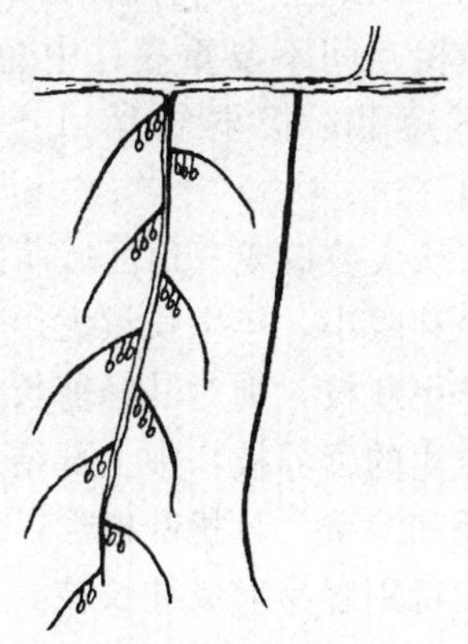

图 6-4 轮换更新

目前我国尤其是新兴产区为方便园区管理、提高机械化程度，多数采用宽行窄株的种植模式，这就要求在枝条的选留上确保棚架利用率，需考虑两点，一是枝条的数量，二是枝条的长度。同侧要求每隔30 厘米左右留一根结果母枝或结果母枝组。结果母枝长度可以根据其粗度及空间灵活调节，剪口粗度要求在 0.8 厘米左右，如果枝条较长且有足够空间，可以适当长放来确保园区挂果面积，提高园区产量。对于生长势强、枝条充足的品种，每隔 30 厘米留一结果母枝即可；对于生长势中庸或较弱的品种，有些结果部位结果母枝缺失时，可在相邻结果母枝上靠近主蔓位置，选留 2 个强壮当年营养枝或结果枝作为翌年结果母枝，两枝分开绑缚，间距 30

厘米左右，即形成一结果母枝组，确保行间架面能被充分利用，提高园区产量（图6-5）。

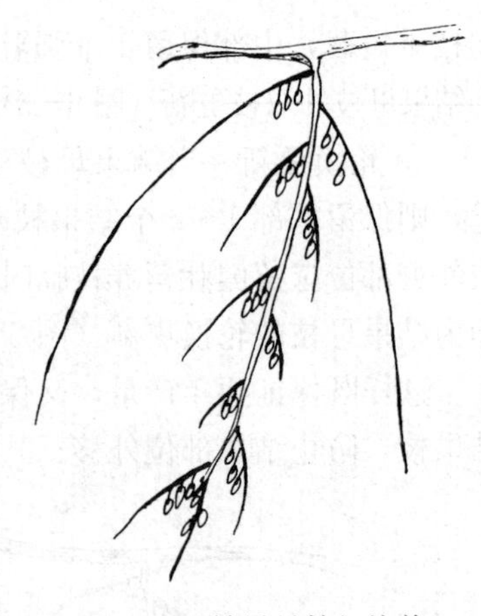
图6-5 结果母枝组培养

(2) 当年生枝修剪 对保留作下一年结果母枝的营养枝或结果枝，根据生长量及枝条健壮程度进行不同程度短截，壮枝轻剪、弱枝重剪，保证剪口直径在0.8厘米以上，两行间保留的当年生枝相互间不要重叠；中短壮枝可不短截；极弱枝留1～3芽重剪。

从大剪口或三角区域萌发形成的强旺枝，组织不充实，节间长，芽眼小，年生长量大，当其位置不当时，从基部疏除；如果留作更新枝，则对其轻剪长放，缓和枝势，翌年从基部培养1～2个充实的营养枝，中上部结果。因为徒长枝是对树体营养的一种消耗和浪费，且扰乱树形，特别是三角区域主蔓夏秋季萌发的枝条，特别容易形成徒长枝，影响主蔓后端枝条的生长和结果，最科学的办法是生长季节尽早从基部疏除，或通过重摘心、重修剪促发健壮的二次枝，或在晚夏对其扭梢、拉枝降低其长势，培养成健壮营养枝，冬季可作为结果母枝选留（见本章“春季树体管理”）。

3. **成年雄株（授粉树）的修剪** 雄株只承担授粉任务不承担结果任务，冬季修剪要从轻。具体修剪手法是，在冬季，对各类枝条进行轻短截，以尽可能多地保留成花母枝为原则。主要修剪目标是缠绕枝、极其弱小纤细的下层枝、病虫枝和伤残枝。但要注意的是，雄株必须进行修剪，否则其生长健壮程度会大打折扣，花芽质量降低，花粉量减少或花粉发芽率降低，同时，如果不修剪，会留下越冬的病虫源，增加当季喷药的难度。当花期过后，再对其进行重回缩修剪，修剪量和雌株冬季修剪不相上下。

4. 绑蔓　绑蔓是冬季树体管理的重要工作，是整形的重要手段，一般要求在冬季修剪、清园后进行，良好的枝蔓摆布有利于骨架枝的形成、来年生长季节的各项管理，同时可以提升果实品质、降低病害流行风险等。对于一干两蔓树形采用“白马分鬃”法进行绑缚，枝条垂直于或近垂直于主钢丝或主蔓平均向两侧分配，合理分布枝条，同侧结果母枝间距在30厘米左右；对于自然开心形架式或圆头形架式来说，确保枝条在整个空间内分布均匀，防止交叉、重叠，避免枝条过密即可。可用塑料U形卡扣绑缚，做到绑而不死、动而不移、等距分配、合理布架。对于用绳线绑缚的，采用“∞”形，铁丝上绑紧、不可摇动，枝条四周应有空隙，不阻碍其增粗生长，否则易卡死。

幼树主蔓需要进行绑缚时，一定要注意不要绑太紧，防止主蔓增粗造成卡脖，影响后部枝条生长，甚至发生卡死等情况。

整个园区修剪完毕之后，也可进行来年产量估算，在园区内随机调查几株树，统计结果母枝上的芽苞个数，之后取平均值，以此平均值减半，即可估算出来年结果枝数量，按每个结果枝挂3个果计算，即可得出株产果实个数，按10～12个果重1千克计算，即可得出株产，从而得出大概园区产量，也可以指导翌年肥水管理。

（二）清园

修剪工作完成之后，需要进行清园。猕猴桃果实软腐病、细菌性溃疡病等各种病害的病原及越冬虫害通常潜伏在修剪下来的枝条、树皮下以及果柄上。做好冬季清园是降低病虫基数，确保病虫防治效果的关键。先将修剪后的枝条、枯枝、落叶、老皮、杂草全部清出园区进行焚烧、堆沤或直接粉碎深埋入果园土壤中（枝条深埋前要求撒一些生石灰），减少病虫越冬场所，有溃疡病的果园以集中烧毁为最佳，如果深埋则要求深度加大；然后全园喷洒5波美度石硫合剂，树干、树枝、地面、田埂、沟渠都要喷洒到位，尽可能将越冬病虫源数量降到最低。对于休眠期的病虫害防御来说，最重要的是保持园内的综合清理。

(三) 补苗与嫁接

休眠季节是补苗的关键时期，尤其是秦岭—淮河一线以南的区域，可以在 12 月至翌年 1 月进行补苗，而且时间越早越好，根系与土壤密接，缩短来年缓苗期。而偏北方、冬季温度较低的区域，栽苗、补苗可以在春季 2—3 月萌芽之前进行，避免冻害及干旱失水等情况的发生。

目前我国猕猴桃嫁接时间及嫁接方式主要采用冬春季劈接、切接、舌接，夏季腹接与劈接以及秋季腹接或芽接等，除秋季需采取包芽包扎促其翌年春季萌发外，其余时期均为露芽包芽、当年萌发。嫁接多在 1—3 月惊蛰之前进行，由南向北时间后延，如成都地区最好在 1—2 月雨水之前，山东及河南南部等类似区域则可后延至惊蛰之前。另外，也有根据当地的气候条件而创新的嫁接方法，如陕西周边产区为避免冬季与早春的低温，采用在新芽展叶期进行嫁接的方法，此时已度过伤流最严重的时期，而且气温升高又相对稳定，新芽萌发后较少遇到倒春寒，伤口愈合较快，嫁接成活率多数在 85%左右。

为避免冬季低温及春季气温反复等问题，尤其是大树改接伤流严重的偏北方区域，可以在 1—2 月进行地接，即直接将砧木锯到地面以上 10 厘米左右，从中间劈开，插入接穗，盖上细润土壤待来年气温回升芽苞萌发顶出土即可，若砧木较小不足以固定接穗，可以简单绑缚一下。此方法在河南西峡已广泛应用，成活率达 90%左右，且长势良好；近两年在山东、北京等冬季较为干燥的地方推广应用，效果明显。

近几年随着科技的不断进步与创新，国内外越来越多的公司、组织机构开始采用组织培养育苗，此方法的优点是苗木根系发达、植株健壮、一致性好，同时可以规避播种时间的限制与嫁接成活率问题，缩短大田栽苗至结果的时间等。目前，智利、意大利的猕猴桃组织培养技术较为成熟，已广泛用于商业化生产种植。我国也有

公司在运作，但由于成本较高及传统育苗习惯等原因，商业运转的规模仍然很小。另根据对近几年采用组培苗建园的果园生产情况的调查，组培苗的童期比扦插苗或嫁接苗的要长，因此，组培苗建园技术还需要进一步系统科学的研究。

（四）猕猴桃园其他工作

猕猴桃休眠时间较长，可以将园区前期出现的问题进行修补，同时为翌年管理做好准备。施肥修剪后最好将全园土壤清耕一遍，经过一个冬季的晾土、冻土作用，改善土壤结构，同时可以冻死部分病虫；与此同时，进行园区排水沟的清理工作，确保雨季排水顺畅。

为提高根系与土壤的接触程度，促进伤口愈合及新根的生长，一般在施用基肥之后立即灌水，此举还可以确保微生物的活动环境，提高基肥的利用效率，提高树体抗性。在干燥的北方，除了基肥后的灌水，可能还需要1～2次越冬水，避免温差过大而引起冻害，提高树体的越冬能力。

如果棚架出现松垮甚至更严重的情况，冬季无疑是整修的最佳季节。对全园棚架进行查看，记录问题区域，准备好所需要的工具和材料，及时对棚架进行整修，此工作最好在萌芽之前完成。

二、春季管理

猕猴桃园春季管理阶段包括猕猴桃的萌芽期、展叶现蕾期、新梢生长期、蕾膨大期、开花坐果期、果实迅速膨大期，此时期主要的园区管理是肥水管理、土壤管理、树体管理、花果管理、病虫害防治、预防倒春寒等。根据各地进入春季的时间，秦岭—淮河一线以南区域，春季指的是2月中旬至5月下旬，秦岭—淮河一线以北区域，是指3月下旬至6月，贵州水城、云南屏边和四川凉山等低纬度高海拔区域，春季指的是1月下旬至4月。

（一）肥水管理

1. 水分管理 春季正是猕猴桃关键需水期，是决定当年产量和次年效益的基础，所以，此时期的水分管理尤为重要。适宜猕猴桃生长的土壤湿度为田间持水量的60%～80%，一般在土壤湿度低于田间持水量的60%时需要灌水。

取园地深5～20厘米处土壤，对沙质土，手握不成团要灌水；对壤质土，打碎后用手握成土团，稍一挤碰，不易破碎，可不灌水，相反，若不能成土团，需灌水；对黏质土，手握后成土团，轻轻挤碰产生裂缝，应灌水。一般树体出现萎蔫时就已经缺水严重，所以最好的灌水时间是在树体出现萎蔫之前。用土壤湿度压力计或湿度计进行根际土壤湿度测量，实行科学灌水。

在关键需水期，必须管理到位，否则影响当年与来年产量。在土壤湿度过大或雨季到来时，一定要做好树盘排湿与排水工作，可以将树盘或树行带前期覆盖物翻开，及时刈割杂草，清理排水沟，使其顺利排水，降低园区湿度，避免真菌病害的发生和流行。

2. 施肥管理 根据猕猴桃树龄、品种及地区的不同，其施肥次数、方法等略有不同。在保证基肥施足的基础上，对于像红阳、东红等早熟品种，其膨大期较早、较集中，追肥要尽量早，且施两次膨大肥即可；而对于金圆、金桃、金艳等中晚熟品种，建议增加1次追肥。

（1）施肥量的确定 根据果园的树龄大小及结果量、土壤条件确定施肥量。以下是中等肥力的土壤参考施肥量。

① 定植当年。定植当年以营养生长为主，前期主要使用氮肥，后期添加磷钾肥，每亩施纯氮6千克、纯磷（以五氧化二磷计，下同）3千克，纯钾（以氧化钾计，下同）6千克。即每亩约施尿素13千克、磷酸二氢钾6千克、硫酸钾8千克。

② 2～3年生树。全年无机肥每亩施纯氮8～10千克，纯磷4～5千克，纯钾8～10千克。即每亩约施尿素19千克、磷酸二氢钾9千克、硫酸钾12千克。

③ 成年树（4年生以上）。全年无机肥每亩施纯氮12～25千克、纯磷6～11千克、纯钾16～25千克。即每亩约施尿素25千克、磷酸二氢钾20千克、硫酸钾24千克。

实际操作中，最好根据结果量来较精准施肥，即果实采收后送检测机构测定果实中的氮、磷、钾、钙、镁等大中量元素含量，并测定土壤中的相应元素含量，而健康的园区冬夏季修剪的枝条打碎或深埋还田，在施肥中综合果实和土壤中的矿质元素含量，计算预定产量所需的矿质元素量，折合到相应的有机肥或无机肥中，加上肥料损耗量，实现相对精准施肥。当然，以上的肥料种类可以在保证施用量的前提下根据需求和计划做各个种类的灵活调整。

（2）施肥时间　幼年树根据全年施肥量，制定施肥计划，从萌芽前开始，30天左右1次；但对于新栽的幼树，需要在树体成活1个月以后进行第一次施肥，而且施肥量需要慢慢添加，循序渐进，否则容易烧苗。一年生幼树第一次施肥量控制在50克左右，新栽苗第一次施肥量控制在25克以内，若为水施，则浓度需要控制在0.3%以内。具体施肥时间如下。

① 萌芽肥或花前肥。芽萌动前1～2周，施氮磷钾复合肥，以氮肥为主，占全年用量的5%（中晚熟品种）或10%（早熟品种）。幼年树和弱树施用，或者未施基肥果园，这次必须施。

开花前1～2周，施氮磷钾平衡复合肥，占全年用量的5%（中晚熟品种）或10%（早熟品种），树势强旺的品种可将萌芽肥换成花前肥。

② 果实膨大肥。谢花后1周内完成，以高钾复合肥为主，或施以均衡型复合肥，占全年用量的20%～25%（中晚熟品种）或20%～30%（早熟品种）。对于中晚熟品种，可在此次施肥30～40天以后再施1次膨大肥，此次以钾肥为主，辅施有效磷肥，约占全年用量的10%。

（3）生长季节追肥方法　幼年树在离树主干40～50厘米处（定植当年则离树20～30厘米），挖5～10厘米的浅沟（半环状或放射条状）施入；成年树采用半环状施肥或放射条状施肥，挖入深度为5～20厘米，离树主干80～100厘米；也可结合中耕除草、松土等全园撒施，之后浅锄，深度5～20厘米，离植株近者浅些，远者可深些。追肥最好结合灌溉，尤其是在土壤较为干燥的季节，提高肥料利用率；同时避免肥料堆积，确保肥土混匀。

有条件的果园可以采用水肥一体化设备进行施肥，在确保肥料供应的同时，添加必要的水分，提高肥料利用率。但在具体操作过程中，需要考虑如土壤水分、土壤类型、根系范围、肥料浓度、树体年龄等问题，做到精准用肥。

(4) 叶面肥 叶面肥可用水溶性的氮磷钾肥、钙肥、硼肥或氨基酸、海藻精类有机肥、超氧化物歧化酶（SOD）菌肥等，最传统的叶面肥是加氮磷酸二氢钾。

在树势较弱、基肥不足的情况下，从春梢生长期至果实成熟前1个月，均可喷施叶面肥。幼果期加喷钙肥，有助于果实贮藏性能的提高，同时喷施氨基酸、海藻精类的叶面肥，有助于果实的膨大；花前施硼肥有利于花器发育及花粉管的形成，提高坐果率；而在果实膨大期40天以后以喷施磷钾肥或其他有机肥为主，不用无机氮肥，否则降低果实品质。

施用叶面肥时要避开高温的中午，一般在晴天的上午10时以前、下午4时以后喷施，阴天可全天喷施。另外喷施各种肥料时需严格按照产品的使用说明使用，否则很容易造成肥害。同时，在同杀菌剂一起喷施过程中，一定要考虑到肥药是否可以混用，混用后混合浓度提高对叶片或果实是否会产生伤害等，尤其在叶片和果实较为幼嫩的时期，要格外注意。一般建议喷药或喷肥时最多混用三种，较为敏感或危险的时期最多混用两种。

(5) 追肥注意事项 在追肥管理上需要注意几点。一是施用时间，注意时效性，如第一次果实膨大肥最好在花后1周内施用，或者直接在花前施用。二是肥料种类，避免氮肥的过度施用，特别是果实生长季节，否则容易造成果实品质低下，树体抗性下降，组织不充实影响翌年花芽分化等。三是肥料质量，避免施用低劣肥料，避免施用含有激素的肥料；近几年的水溶肥市场火爆，在各基地果

园现场调查时，发现少部分果园因施用加入植物激素的肥料，从而导致植株“虚胖”、畸形果比例增加、抗性差、开花坐果能力差甚至树体死亡等问题。四是施用形式，注重土壤肥料尤其是有机肥的投入，叶面肥只是暂时补充，达不到根本解决问题的程度；尤其在开花前后，叶片、果实幼嫩，很容易造成肥害或药害，所以一定要注意叶面肥的使用浓度和时间，同时避免与多种农药混合造成混合浓度升高，而导致肥害的产生；如果土壤的肥水工作做到位，叶面肥可以少用，建议在果园树势表现正常的情况下，不用过多地喷施叶面肥。

（二）土壤管理

1. 间作与覆盖 全国种植猕猴桃的主产区大部分都存在春旱的情况，所以，在肥水管理的同时，对土壤的管理也尤为重要，管理到位，则整个园区湿度条件良好，利于抽梢、开花授粉及果实膨大。

对于幼年园，尤其是一家一户小面积种植的猕猴桃果园，行间可以间种花生、大豆、西瓜等经济作物，规模较大的果园建议直接播种绿肥植物或自然生草，提高土壤湿度，调节土壤温度，避免土壤温度的波动影响根系生长；旱季或雨水少的地区，树盘采取秸秆或地布覆盖，避免地温过高引起的不良影响，又可以保持土壤湿度、增加土壤的孔隙度，逐渐改善土壤的团粒结构；雨季或雨水多的地区，树盘或树行带采取清耕，降低果园湿度。定植第一年，可以在行带两侧间种玉米，离植株 80 厘米以上种植两排，可以对幼苗遮阴，减轻强光对幼苗的危害，待秋季阳光不强时砍掉，用来覆盖树盘，施基肥时翻入土壤内，幼树上架以后，不宜再套种玉米等高秆作物。绿肥可以根据各地气候不同选用黑麦草、苜蓿、印度豇豆、紫云英等矮秆性植物。

对于成年园，可采取行间种耐阴牧草，草的高度控制在 30 厘米以内，垄带覆盖，保持土壤湿润，改善生态环境。

覆盖可以用麦秸、稻秸、腐烂的谷壳等，但必须将树盘根颈部露出，避免根颈部病菌的滋生，防止根颈腐烂的发生；同时，在雨季来临时，可将覆盖物翻开或翻入土中，避免由于树盘湿度过大而影响根系生长。当然，湿度较大的区域，以排水降湿为主，园区内尽量不要留草或种植其他作物。

2. 除草 由于猕猴桃对除草剂非常敏感，建议不要用除草剂，特别禁用草甘膦类除草剂。对于行间的杂草，用人工或机械方式清除，行带可以采取覆盖的方式控草；行间杂草超过30厘米高即需要刈割。但在有些地区，容易出现春旱，此时就需要在园区适当留草，调节园区的小气候。而在开花授粉期，控制好园区湿度，能显著提高授粉效果，但开花期不能留有开花的间作物，否则影响蜜蜂传粉。在国外或国内先进的猕猴桃园中，已开始采用自然生草或人工种草，只要定期进行刈割还田，既能降低夏季地面温度、增加土壤湿度，又能提高土壤有机质含量。

（三）树体管理

1. 结果树

（1）抹芽 萌芽期抹除主干上所有新生芽，对于结果母枝上萌发的芽，首先抹除病虫芽、极弱芽、丛生芽中的次芽，对于节间极短、萌芽率高的品种，再抹除背生弱芽。最终按10～15厘米留1个芽，大约每平方米留13～17个芽，能实现亩产2～3吨。挂果幼树可以适当保留主蔓上的萌芽，仅去掉次生芽、病虫芽及背下极弱芽即可。

（2）摘心 为避免养分消耗，促进花蕾、果实及内膛枝条的发育，摘心在蕾期即可进行，对于标准的单主干双（单）主蔓树形来说，对中心钢丝两侧各50厘米以外的强旺结果枝在其长到20～30厘米时进行轻摘心或捏心，之后如果发出二次枝，直接抹除；对50厘米以内保留的枝梢，在开始缠绕打卷时摘心；对于过旺的、靠近主干的徒长性营养枝，若空间允许，需要保留，可以在早春保留2～3片叶摘心或重剪，处理后对促发的二次枝选留1～2根中庸枝条长放培养，作为下年的结果母枝。对于圆头形树形来说，需要

进行摘心的枝条在以主干为中心、半径 50 厘米范围以外，即冬季需要修剪掉的枝条。整个树做到外控内促，确保当季果实及翌年所需结果母枝的培养，避免养分浪费。

（3）疏枝、剪枝　成年结果树，当萌发的新梢能分辨出营养枝或结果枝时，将离主蔓或主干 50 厘米开外的所有营养枝及时疏除；对于应抹芽部位因抹芽未及时到位而导致一些芽苞萌发抽生成的枝条，也需要进行疏除，如病虫枝、细弱枝等。由于疏枝对树体造成的伤害及养分浪费严重，建议少疏枝，多抹芽。同样，如摘心工作未到位，则要剪枝，即对外围结果枝最后一个果后留 5～6 片叶短剪，对于秦岭—淮河一线以北区域，可以采取最后一个果后留 3～4 片叶重剪；而在秦岭—淮河一线以南及类似区域，因气温高，建议采取最后一个果后留 6～8 片叶重剪。

（4）摘叶　对于果皮较薄的品种，如红阳、东红等，为避免幼果期叶片对果实表面造成擦伤，坐果后尽早将靠近果实的叶片摘掉。但如果该地区风害一直很严重，最好的解决办法则是架设防风网。

（5）雄株复剪　授粉完成后，需要对雄株进行修剪，修剪量同雌株的冬季修剪。剪除弱小枝条，回剪开花母枝至主蔓附近，并将主蔓附近大部分新抽枝条保留 20 厘米左右进行重回剪，促发多条二次梢，确保翌年花粉供应。

2. 未结果树

（1）插竿绑蔓　及时对幼树新枝进行绑缚，嫩枝长至 20 厘米前完成插竿工作。竹竿离新梢 5～10 厘米在土内插稳，注意不要伤害根系，上端固定在中心钢丝上，竹竿高于架面 20 厘米左右。新栽苗不宜用线绳牵引代替竹竿扶苗，线绳既不抗风又易使主蔓倾斜弯曲。

绑蔓是嫁接幼苗生长季前期的经常性工作，当嫩枝长至 20～30 厘米时，即开始绑绳，确保顶部 20～30 厘米的嫩梢一直处于自由状态，不要过早绑缚；绑缚位置要求在叶片之下，避免节间伸长引起弯曲，线绳在竹竿上绑紧，在新枝上绑松，留有枝条增粗的空间。

(2) 抹芽、抹花蕾 对嫁接的幼树，在未确定是否嫁接成活前，直接抹除基部砧木芽，待确定接穗已死亡时，可以保留一个砧木芽重新培养待年底嫁接。但若接穗萌发新梢很弱，无法判断将来能否成活时，可以在基部保留 1 个发育良好的砧木芽，长成 20 厘米左右时摘心，并抹去多余的萌蘖，之后观察接穗新梢长势情况，若后期（武汉周边一般在 5 月中旬）接口愈合较好、嫁接芽萌发新梢健壮，则将砧木芽抹掉；若愈合不好、嫁接芽萌发新梢一直不正常，则仍保留预留的砧木芽进行培养，待再次嫁接。

嫁接芽萌发抽梢，花芽上花序分离后尽快抹除花蕾。

如果采取成品嫁接苗建园，则春季萌芽后，嫁接口以上选留 1 个健壮新梢，尽量选择靠近嫁接口的，待长至 20 厘米时，进行绑蔓作为主干培养，抹除多余新梢；如果嫁接口以上萌发的新梢长势均较弱，则选留靠近接口的新梢直立培养，其余新梢留 4～5 片叶摘心，作为辅养枝培养。

(3) 摘心促两蔓 待作主干培养的新梢长至超出中心钢丝 20～30厘米时，回剪至架面以下 20 厘米左右的位置；待剪口附近芽苞萌发后，选留 2 个位置合适、对向生长且健壮的芽苞，作主蔓培养，其他芽苞均抹除；待主蔓长度超出钢丝 30～40 厘米时，将两蔓固定在主钢丝上，钢丝上绑紧，枝条绑松，做到动而不移，并保证主蔓斜向上生长，不能将其压低或压平而降低了生长势；待主蔓长至超过株距一半 20 厘米以上时，短截至株距一半的位置，并将主蔓压平绑缚在主钢丝上，同样要求动而不移，注意整条主蔓不能有隆起的位置，让其平展地贴在主钢丝上（图 6－6）。

在具体促两蔓操作过程中，可能两蔓没有同时发出，甚至出现只发一边的情况。此时，在位置合适的芽苞上方 2～3 厘米处环割至木质部两圈，可以促发另一蔓；或将位置合适的芽苞处的叶片摘掉，可促进此芽的萌发；或通过拉枝的方式将位置合适的芽苞置于树体最高位，从而促进此芽的萌发；位置合适的芽苞上方扭梢也可以得到相似的效果。

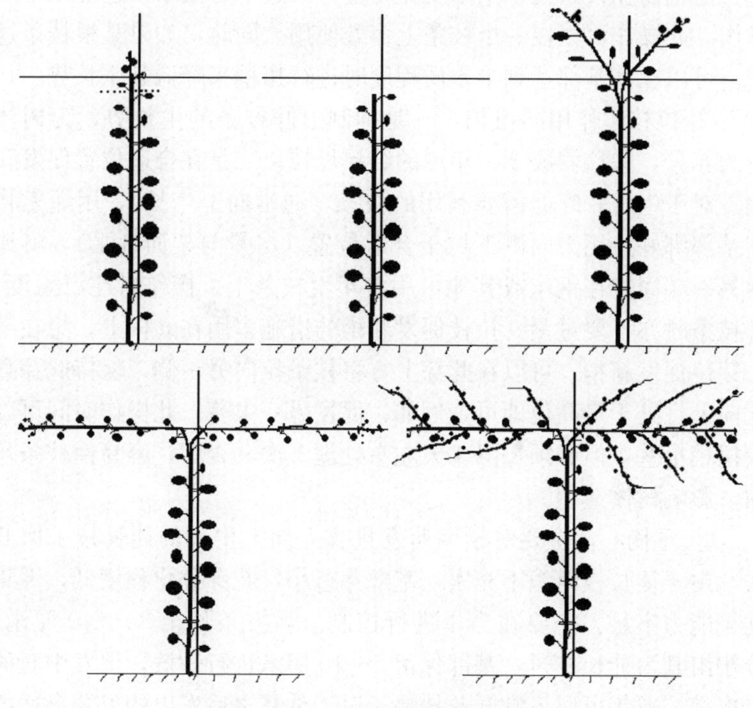

图 6－6　一干两蔓树形培养简图

其后会在主蔓上抽生一些枝条，此即为次年的结果母枝，在整个生长周期内要注意施肥促壮，尤其是主干、主蔓、侧蔓抽梢之前，一定要保证肥料的供应；同时，要通过拉枝、扭梢、重摘心的方法控制把门枝（两主蔓分杈的三角区附近的旺长枝条）的生长势，确保整条主蔓前后粗细一致。

(4) 拉枝、扭梢、重摘心

① 扭梢。为降低某些生长过旺枝条的生长势或促进某些芽萌发，可以采用扭梢处理，即用非惯用手抓住需扭部位以下 2 个左右节位处，惯用手抓住需扭部位，顺势一扭，听到清脆的“咔”的一声即可。另外，对于当季只有一支主蔓的幼苗来说，可以在主干靠近架面合适芽上部对其进行扭梢，促使此芽很快萌发，形成另一主

蔓。扭梢需在枝条处于半木质化时进行，过早易扭断，过晚则不易操作。此操作可以在一个枝条上多处使用。同时，如果某根枝条过旺，可以在其基部达到半木质程度时进行扭梢来降低其生长势。

② 拉枝。作用同扭梢，一是抑制过旺枝条的生长势，为树体节约养分，并培养成下一年用的结果母枝；二是在合适位置促发新梢。对于生长较旺但需要利用的枝条（通常向上生长），用绳索将其基部绑好，用力向侧下拉至合适位置（尽量与架面齐平），将绳索另一端固定在钢丝或其他可用多年生枝条上。操作时注意力度，绑枝条时亦不要过紧。拉枝促发新梢的措施多用在幼树上，想在某一芽位促发新梢，可以在此芽上方将枝条拉向另一侧，保持此芽直立向上且处于最高位即可，例如，促发另一主蔓。此操作时间可以较扭梢早些，但必须每隔 4 天左右处理 1 次，否则，容易使枝条弯曲，影响树体造型。

③ 重摘心。主要对早期萌发且直立向上生长的徒长枝采取此法，由于徒长枝组织不充实，基部芽苞小，花芽分化程度低，翌年挂果能力不足，需要在当季进行控制。当枝条长至 30～40 厘米，分辨出其为徒长枝时，基部保留 5～10 厘米进行短截，促发中庸的二次梢，翌年可以正常开花挂果。对于仲夏之后发出的位置合适的徒长枝，则需要到冬季修剪时进行处理。

（5）弱树处理 树势较弱，没有上架能力的植株，可以待其长势变弱（节间变长，新梢打卷）时进行重摘心处理，保留 5～6 片叶回剪，促发二次梢。保留上部所发新梢，并对靠近嫁接口的新梢直立绑缚作主干培养，其余新梢斜生，每个新梢留 15 厘米左右捏尖，加大枝叶量，促进根系扩大、枝干增粗，冬季根据直立新梢粗度再进行处理。新栽芽苗一般会出现此种新梢生长弱的情况，需要种植业主针对园区具体情况进行合理配套管理。

（四）花果管理

1. 疏蕾 花果管理到位可以确保当年产量与质量。首先要做好疏蕾工作，在花序分离 1 周后至开花前都可进行，越早疏蕾、越

有利于余下花蕾的发育，提高花质量，从而提高坐果率、增进果实品质。

疏蕾是在前期抹芽的基础上进行，如果前期抹芽没有到位，就会严重影响疏蕾的效率，尤其对于花蕾量较大的品种，导致后期授粉、疏果工作量增加，同时影响树体营养分配，造成果实偏小等情况的发生。因此，要及时、尽早疏蕾，首先去掉畸形蕾、病虫蕾、无叶小蕾、副蕾，最后掐头去尾留中间健康花蕾；按枝条健壮程度，壮果枝留5～6个，中果枝留4～5个，短果枝留3～4个。预留花蕾量一般按预计产量的120％～130％进行估算，以备后期发生灾害天气和授粉效果不佳时能保证当年的产量。

对于像金艳这类多歧聚伞花序类品种，如果出现中心花蕾畸形，可以选留端正、个大的一级侧花蕾，在肥水充足条件下，依然可以结出个大质优的果实。生产上因上年冬季修剪偏重、结果母枝基部过于粗壮，会出现整个结果母枝甚至整株树上的大部分主花蕾畸形的情况，这时就多留一级侧花蕾，同时在生长季节对主蔓附近的过旺营养枝或结果枝重摘心促发1～2个二次梢，或直接对这些枝条采取扭梢降低其生长势。至当年冬季修剪时注意不要留基部直径大于1.5厘米的一年生枝作结果母枝，并尽量长放轻剪，避免结果枝过旺造成花蕾畸形。

2. **授粉**　授粉的成败直接关系到当年的产量和效益，关系到果实的重量和外形，是一年工作的重中之重。对单果来讲，授粉成功则果形好，果实内种子数量多，单果重量大，则收益相应提高。

(1) 授粉方法　包括自然授粉、蜜蜂授粉和人工辅助授粉。

天气较好的条件下，如空气湿度80％以上，温度25℃左右，微风，且雄株配比合适［雌雄比（5～8）：1，分布均匀］时（图6-7、图6-8），可以进行自然授粉和蜜蜂授粉。随着劳动力成本的提高，低配雄株的果园已开始在增加雄株比例上思考可行的解决办法：如种植密度比较大的果园，在行距较窄的情况下隔行整行嫁接雄株，雌雄比达到（1～2）：1；在株距较宽的情况下则可在每根水泥柱边上嫁接雄株，大大提高雄株比例，确保在天气较好的情况下自然授粉充分，同时也可以确保在天气较差需要人工辅助授粉时采花方便；有的果园种植密度适中，可以考虑在果园四周及行内补栽，跟以上两种情况一样，仅需控制好其生长范围即可。建议果园四周补栽或改接雄株，不论是蜜蜂传粉还是风力传粉，都有利于花粉的传播。同时可以在园区周边空地集中建雄株园，既加大雄株比例，又有利于人工收集花粉，提高授粉效果。

♀ ♀ ♀ ♀ ♀ ♀ ♀ ♀ ♀
♀ ♂ ♀ ♀ ♂ ♀ ♀ ♂ ♀
♀ ♀ ♀ ♀ ♀ ♀ ♀ ♀ ♀
♀ ♀ ♀ ♀ ♀ ♀ ♀ ♀ ♀
♀ ♂ ♀ ♀ ♂ ♀ ♀ ♂ ♀
♀ ♀ ♀ ♀ ♀ ♀ ♀ ♀ ♀
♀ ♀ ♀ ♀ ♀ ♀ ♀ ♀ ♀
♀ ♂ ♀ ♀ ♂ ♀ ♀ ♂ ♀
♀ ♀ ♀ ♀ ♀ ♀ ♀ ♀ ♀

图 6-7　雌雄比 8∶1 的雄株配置方式

♀ ♀ ♀ ♀ ♀ ♀ ♀ ♀
♀ ♂ ♀ ♂ ♀ ♂ ♀ ♂
♀ ♀ ♀ ♀ ♀ ♀ ♀ ♀
♀ ♀ ♀ ♀ ♀ ♀ ♀ ♀
♀ ♂ ♀ ♂ ♀ ♂ ♀ ♂
♀ ♀ ♀ ♀ ♀ ♀ ♀ ♀
♀ ♀ ♀ ♀ ♀ ♀ ♀ ♀
♀ ♂ ♀ ♂ ♀ ♂ ♀ ♂
♀ ♀ ♀ ♀ ♀ ♀ ♀ ♀

图 6-8　雌雄比 5∶1 的雄株配置方式

(2) 人工辅助授粉　温湿度或雄株配比条件不合适时，则需要进行人工辅助授粉。人工辅助授粉有固体授粉、液体授粉。下面重点介绍辅助授粉的准备工作及不同方法。

① 收集花粉。一天可采 3 次含苞待放的铃铛雄花，量少的情况下可以用剪刀在花萼、花瓣后部剪断，使花瓣、花丝基部与主体分离，剪完后用筛网将花药与花瓣、花萼分开，量大时则可用机器将花药与主体分离。之后将洁净的鲜花药均匀地摊在恒温烘箱或自制简易烘箱（纸箱内安装 1 个 100 瓦白炽灯）底部洁净的白纸上，注意厚度最好不要超过 3 毫米（越薄越好），每隔 1 小时左右翻动 1 次，并做好温度记录及调整，在爆粉过程中，温度以 25～28 ℃为宜；6～8 小时（视温湿度情况）即可制备出高质量的花粉。而现在越来越多的果园采用恒温烘箱爆粉，方便快捷，同时温度调控精准，不会出现由于温度过高而造成花粉失活的情况。将制好的花

粉花药壳混合物用孔径120～180微米的筛子将纯花粉筛出，针对后期采用的授粉器具选择网筛孔径，如果授粉器容易堵塞，则要求筛子的孔径要更小，相反可以大些。大型果园可以采用纯花粉提取机进行花粉提取，方便快捷，提高功效。

注意，当天采集的鲜花必须当天加工完毕，不能隔夜；不提倡采取日光暴晒的方法制花粉，因为强烈的紫外线会极大地降低花粉活力。不同品种雄株的花期和出粉量都有不同，业主可以自行选择适合自己园区的相应雄株。几种常见雄株品种的花期配套品种及出粉情况见表6-1。

表6-1　不同雄株品种出粉情况

雄株品种	花期配套品种	每千克鲜花出粉量/克
磨山雄2号	东红等	8.06
磨山雄3号	金魁等	9.98
磨山雄5号	金艳等	10.43
徐香雄	徐香等	8.38

② 贮藏花粉。花粉收集后放入防潮玻璃瓶内备用，如果是3～5天内使用，可以密封保存在冰箱冷藏室；如果需要长期贮藏或是次年使用，则必须密封保存在－18℃的冷冻室，待使用前根据花粉用量提前1～2天取出，放置在冷藏室缓慢回温，让花粉苏醒。需要注意的是，不要随意将制备好的花粉放置在常温下，否则4～5天的时间就会使花粉活力降低50%，而5～6℃冰箱冷藏室保存条件下7天活力降低50%；同时，花粉制备好后尽早低温密封保存好，以免吸潮而发生霉变，影响花粉活力及授粉效果。

③ 花粉检测。近几年，猕猴桃产区大多采用人工授粉，主要是由于果园雄株配备比例过低，花粉不足，自然结果率低。因此，市场上出现了很多成品花粉，没有条件自制花粉的情况下，可以购商品花粉。但在购买前，建议索要厂家的花粉发芽试验报告及病原菌检测报告，尤其是溃疡病、花腐病、果实软腐病等随花粉传播的

病害的病原菌检测报告，以及花粉原料来源，质量保证卡等，以保证花粉质量和安全。充分授粉最根本的办法还是果园科学搭配雄株，或单独建雄株园、自制花粉，以免因劣质花粉带来病害或降低坐果率，造成不必要的损失。

不管是自制花粉还是商品花粉最好在使用前进行花粉活力检测，有条件的可自己检测，没有条件的可以通过相关部门或相关协会组织等进行检测，避免花粉活力低造成当年减产。具体检测方法如下：准备一片载玻片和一个培养皿，将蔗糖 10 克和琼脂粉末 1 克加入 100 毫升水中煮沸，然后将溶解后的液体在载玻片上涂一薄层（制作发芽床）；在培养皿中铺上一片滤纸，用水湿透；把花粉撒到载玻片上，把载玻片放入培养皿中，加盖保湿；在 26 ℃培养箱中放置 4～6 小时使花粉发芽，然后使用显微镜（200～400 倍）观察花粉管的伸长情况，统计发芽率。

④ 固体授粉。采用简易授粉器点授或授粉枪喷授，所用花粉需要根据花粉活力情况混合一定比例的辅料，辅料要求密度与花粉相近，无吸湿性，流动性好，且不含抑制花粉发芽的物质，如石松子粉等。目前市场上有以花药、花瓣粉碎物作为辅料的，由于其密度与花粉相差较大，且易吸潮，建议不要使用。混合辅料时，按照稀释倍数称量花粉和辅料，然后用孔径 120～180 微米的网筛反复筛 3 次，使之充分混合。固体授粉辅料填充的参考比例见表 6－2。

表 6－2　不同活力花粉与辅料配比情况

花粉发芽率	稀释倍数	纯花粉：石松子粉
80%以上	10	1∶9
70%～80%	8	1∶7
60%～70%	6	1∶5
50%～60%	4	1∶3
40%～50%	2	1∶1
40%以下	用作辅料	

花粉点授用的简易授粉器大多是由鸡毛或软毛、海绵等制成，授粉器头部要宽大，点授时尽量能一次性盖住雌花柱头，同时安装约40厘米长的把手，以便对高处的雌花授粉。田间授粉时装花粉的器皿可选择洁净的小药瓶，也可以用洁净的小型塑料袋。在实际操作中，由于上午果园湿度大，授粉器头部很容易受潮将花粉结在一起，不便操作，所以要多准备几支授粉器备用。

花粉点授具体方法：先将授粉器在花粉混合物中轻轻蘸一下，然后轻轻触碰开放雌花柱头，即可完成授粉过程。切忌对雌花柱头敲打和用力过猛。晴天上午、低温午后或阴天整天都可进行授粉，只要柱头有黏液即可进行。雌花的可授粉时间为开花后的3天内，开花后前2天是授粉的最佳时间。温度偏高、湿度偏低的情况下，花期较为集中，花瓣凋落较快，需要集中人力物力进行有效授粉，此时可以对果园喷清水或直接开启果园内的微喷灌系统，提高果园空气湿度，从而提高柱头的湿润度，提高授粉成功率。

干粉喷授的机械主要分为电动授粉器和手动授粉器，前者配有电池或直接充电即用，后者需要人工挤压气囊调节气压将花粉喷出。这些授粉器在陕西、四川等主产区均能买到，方便适用。

干粉喷授的具体方法：用纯花粉加一定比例的干燥、洁净的石松子粉，混合均匀，对开放的雌花柱头均匀喷撒。花粉与石松子粉的比例可以根据花粉质量、数量与天气情况进行调节。此种方法工作效率较高，但要注意喷授均匀，否则很容易导致果实畸形或偏小，降低商品果率；同时，不要使用与花粉密度相差较大、易吸潮的辅料，如花药、花瓣粉碎物，由于其密度小，很容易出现后半程花粉浓度过低、授粉不良的情况，而且容易吸潮导致授粉器管路堵塞，影响工作效率。目前干粉喷授的效果较好，效率高，只是花粉用量较大。干粉喷授逐渐在取代液体授粉或干粉点授。

⑤ 液体授粉。采用一定量的无杂质蔗糖水（稀释约250倍）加上纯花粉，混成花粉匀液，对着开放的雌花喷授。花粉悬浮液中可以加少量的羧甲基纤维素作为分散剂，避免花粉过度沉淀。在一定范围内，花粉稀释倍数越小，授粉效果越好，果个越大，反之则

果个越小，因此，建议花粉稀释倍数在250倍以下。液体喷授要求随配随用，尽量在半小时内用完。气温较低时（16℃以下），建议不用液体授粉，避免水分散失太慢致使花粉过度吸水，从而影响花粉管的发育，导致坐果不良。

3. **疏果** 根据园区内树龄、生长势，结合计划产量指标的分配和质量标准的要求进行疏果。授粉完成后10天左右进行疏果工作，促进细胞分裂、果实膨大。首先疏除畸形果、病虫果、小果、侧花果；其次根据品种特性及树势疏除多余果实，先疏除基部果，再疏除顶部果，最后考虑疏除过密的相邻果，以减轻小薪甲或菌核病等病虫害的危害。具体每枝留果数量的标准为：长果枝4～5个果，中果枝3～4个果，短果枝约2个果，短缩果枝0～1个果。在套袋之前，再进行1次疏果，原则基本一样。

以上操作必须建立在树体结构完整、树势生长健壮的基础之上，对于病、残、弱树，一般不宜留果，以恢复树势为主。

4. **生长调节剂的使用** 对于小果类型品种，如东红、红阳等，为满足市场需求，需要适量使用氯吡苯脲来促进果实膨大、增加果肉红色程度。

氯吡苯脲，又叫吡效隆、CPPU，在农药登记证明中，氯吡苯脲是一种具有细胞分裂素活性的苯脲类植物生长调节剂，能够促进猕猴桃果实膨大，提高产量，促进果实成熟。生产上通常在开花后15天左右以氯吡苯脲浸果，氯吡苯脲浸果浓度是5～10毫克/升。

品种不同，处理效果和果实的反应也不尽相同。多数情况下，氯吡苯脲会使果实的形状发生变化，果形指数变小；有些品种果心部还可能出现空洞；果实较扁的品种在使用氯吡苯脲后会加重扁化。由于结果枝基部附近的果实较容易变形，因此对需要使用氯吡苯脲的品种，在疏果时应以基部附近的果实为重点进行疏除。

一般氯吡苯脲处理的果实果点增粗，提前成熟，但其贮藏性会降低，而且果实风味下降得较快，使用不当，还会造成落果，使用

浓度越高，不利影响越大。因此，需要严格控制使用浓度，同时控制好贮藏、销售等环节，以确保效益的最大化。

目前市面上以氯吡苯脲为主原料的果实生长调节剂或营养液很多，生产上尽量用仅含氯吡苯脲成分的产品；不要用混加了其他营养成分的产品，如果使用不当很容易产生药害。有些果园为同时防控病虫害、免去再次喷洒药剂的成本，在使用过程中添加一些药剂，有的甚至添加几种，导致生产上果实出现药害的情况频频发生，严重者大大降低果实商品性，直接影响种植者效益。

在具体使用过程中，由于浸果耗费人工较多，现在一些果园开始尝试喷洒的方式，可以节约半数以上的人工。但必须对果面喷洒均匀到位，否则很容易造成果实畸形。喷施比浸果使用药剂量增加约 3 倍，需提前准备充足药剂。喷施果实时，对接触药剂后易萌发芽苞的品种，需防止将药液喷到预留作为下年结果母枝的新梢上。

(五) 病虫害防治

1. 病害的发生与防治 春季温度回升，随着植株萌芽展叶，各种病菌也开始活动，在此期间主要表现症状的病害有溃疡病、花腐病、菌核病、灰霉病等低温高湿型病害，同时此时期也是果实软腐病菌侵染的时期。另外，由于枝叶量逐步上升，蒸腾作用开始加大，前期根系有问题的植株在地上部分也开始表现症状，如叶片萎蔫、植株枯死等。

(1) 溃疡病 猕猴桃细菌性溃疡病的病原为丁香假单胞菌猕猴桃致病变种（*Pseudomonas syringae* pv. *actinidiae*，Psa），主要危害猕猴桃的新梢、枝蔓、叶片和花蕾，一般不危害根和果实。植株受害后，于温度较低的秋季及春季萌芽开花前后发病。

主干和枝条受害，病部皮层水渍状软腐，潮湿时病部产生白色黏质菌脓，与植物伤流混合后呈黄褐色或锈红色。病菌能够侵染至木质部造成局部溃疡腐烂，影响养分的输送和吸收，导致树势衰弱，严重时可环绕茎引起树体死亡。

在新生叶片上呈现褪绿小点，水渍状，后发展成不规则形或多角形褐色斑点，病斑周围有较宽的黄色晕圈，随着病害加重，病斑连接成片，叶片向上卷曲，焦枯易脱落。在连续低温阴雨的条件下，因病斑扩展很快，有时也不产生黄色晕圈。

受害严重的花蕾不能张开，变褐枯死后脱落。受害轻的花蕾虽能开放，但速度较慢或不能完全开放，这样的花可能脱落也可能坐果，但形成的果实较小，或成为畸形果。

目前溃疡病仍是世界性难题，2010 年在新西兰大面积暴发后直接导致黄肉猕猴桃品种 Hort16A 的毁灭；近几年我国猕猴桃产业年年受到溃疡病的重创，但仍没有较好的防治措施。对于已建园的有效防控措施是增加设施投入，根据各地不同气候特征，建设不同规格的大棚进行防控，对温度、湿度进行有效控制，才能降低病害危害。但此措施投入成本较高，一般简易大棚每亩需投入 5 000 元以上，高规格者则在 2 万～6 万元。对于新建园，则需要在建园前充分考虑当地气候条件，选择适合该地发展的抗病品种。

在有溃疡病危害风险的园区，预防的首要任务是提高树体的抗性，如多施有机肥（含有有益菌的有机肥效果更好）、多施钾肥，可以大大提高树体抗性，发生病害的概率就会降低。一旦发生溃疡病，则多数用铜制剂进行防治，但需要注意的是幼果期不要使用氧化亚铜等无机铜制剂，容易产生药害。若枝条发生轻微症状，可将枝条剪除烧掉；若是主干发病较严重，可直接将主干剪至健康部位以下 30 厘米左右，再涂上铜制剂进行防治，可用松脂酸铜、氢氧化铜等；若主干发病较轻微，可先将病组织刮除烧掉，再涂抹上述药剂防治；若整株发病较重，主干几乎无健康部位，需要将整株剪除烧掉并对土壤进行杀菌消毒。冬季修剪时剪口要涂药保护。

溃疡病菌主要是借风、雨以及嫁接等活动进行近距离传播，并通过苗木、接穗的运输进行远距离传播。因此，在一些农事操作过程中，一定要注意人员、工具的消毒，避免交叉感染；不要从疫区选择带病苗木或接穗，不要使用无证花粉等。风害较大的区域设置防风网也是有效的预防措施。

（2）花腐病 花腐病是细菌性病害，病原主要是绿黄假单胞菌

（*Pseudomonas viridiflava*）和丁香假单胞菌（*P. syringae*）。开花前后阴雨天气较多、前期病害没有防控到位或周围病源较多，则较容易发生。发病严重的花苞腐烂坏死，不能开放；发病较轻的花丝和花药变黑、变褐、坏死，导致不能授粉，即使发病较轻的花授粉坐果，果实也会偏小、畸形等。

主要在开花前结合防治溃疡病一起防治，药剂可用氢氧化铜、氧化亚铜等无机铜制剂，或噻菌铜、噻霉酮等有机制剂，也可施用中生菌素、春雷霉素等生物制剂，交替用药。

（3）菌核病 猕猴桃菌核病是由核盘菌属的核盘菌［*Sclerotinia sclerotiorum*（Lib.）de Bary］引起，主要在坐果后1个月内的幼果期发病，危害果实、叶片等。花后阴雨天气较多，花丝、花瓣等掉落不彻底，黏附在果实表面或夹在两果中间则很容易导致菌核病的大量发生，严重者病果率达80%。刚开始，腐败物下面的果皮开始点状变褐，逐渐颜色加深，范围扩大，呈现水渍状，在湿度较大的早晨，有的病斑有褐色液体渗出。如果防治到位、天气转晴，小型病斑愈合，随着果实膨大，病斑呈现稍微凹陷、中间颜色正常、无毛被附着、边缘颜色稍深、类似鳞翅目幼虫危害状，受害轻者可作为商品果销售；范围较大、颜色较深的病斑，呈现黑褐色、中间开裂症状，果实失去商品价值，影响果实贮藏；更严重者则造成落果。

花丝、花瓣掉落在叶片上，也会造成叶片不同程度的腐烂，腐烂斑轮纹状向外扩展，灰褐色。

发病过程中，尤其是残存物上经常会有灰白色菌丝、孢子等存在，病菌检测过程中通常也会检测出较大比例的灰霉病菌，因此，在具体防治过程中，可以结合防治灰霉病等在开花前后喷施腐霉利、异菌脲、啶酰菌胺、嘧霉胺等药剂。但其防控要点是控制园区湿度，加强通风透光条件，尽快使腐败的花瓣等掉落，有条件的可以使用鼓风机吹落花丝、花瓣等残存物。

（4）灰霉病 灰霉病是由灰葡萄孢（*Botrytis cinerea*）引起，属低温高湿型病害，可在蕾期、花期及幼果期危害枝叶，并在贮藏期危害果实，称为蒂腐病。

新梢生长期若长期湿度过大，则病害发生率较大，需要提前关注天气情况，做好应对策略。通常由叶缘开始发病，烫伤水渍状逐渐向内扩展，后期会在叶面、叶背形成灰色菌丝、孢子，严重者造成枝条坏死。可施用嘧霉胺、异菌脲、啶酰菌胺等药剂防治。

(5) 根腐病 根腐病多数是由积水、肥害等原因对根部造成损害，之后疫霉（*Phytophthora* spp.）或蜜环菌（*Armillaria mellea*）等病菌侵染造成，导致地上部枝叶萎蔫，严重者整株坏死。

发病初期，可以将外围枝条剪掉，降低蒸腾，减少对根系的压力，同时疏通排水，避免积水，晾盘排湿；如果是施肥原因造成，则需要将施肥沟的肥土混匀，剪掉坏根。在土壤湿度较小的情况下用噁霉灵、甲基硫菌灵等药剂灌根；在土壤湿度较大的情况下，用细沙拌药之后混到根际土壤内。后期7、8月由于温度高、蒸腾作用强，届时也是根腐病地上部分出现症状的高峰期，若救治不及时很容易导致植株死亡，基本防治方法同上，后不再赘述。

与根腐病类似的根颈腐烂病同样需要重视，主要是由苗木栽植较深造成，此外，如果根颈被覆盖物覆盖，在湿度比较大的时期也容易发生根颈腐烂。根腐病发生早期可将病组织刮除，涂抹甲基硫菌灵等药剂，露出根颈即可；若发生较严重，则需要露出根颈或根颈附近粗根，使其萌发新梢，待冬季靠接到主干健康部位，或重新嫁接培养新植株。更为严重者，则会造成整株死亡，需要清理死树的所有根系，并移除原树盘，树盘晾盘消毒，客土补苗。

(6) 果实软腐病 果实软腐病是目前我国危害猕猴桃果实最为严重一种病害，除少数几个栽培品种如东红、皖金外，多数品种均易感染此病。果实软腐病多由葡萄座腔菌（*Botryosphaeria dothidea*）、间座壳菌（*Diaporthe* sp.，拟茎点霉菌的有性态）和小孢拟盘多毛孢（*Pestalotiopsis microspora*）等多种病原引起，主要在蕾期至幼果期侵染，在果实近成熟时表现或在采后表现。

初期症状为果面稍凹陷，直径约5毫米，之后随着病斑环状扩大，凹陷变平，同时外围有一绿色晕圈。受害处果皮易剥离，中心呈现黄白色组织，其他黄褐色，锥状向果肉扩展。果实若在采收之前被侵染发病，将很快导致果实变软，进而落果。同时，下树果实如果不及时散掉田间热，或在冷库堆码时没有考虑通风道散热等也会造成此病的大量暴发。

从蕾期至幼果膨大期加强防治，现蕾期至露白期，用2～3次药，谢花后直至套袋，每7～10天用1次药；若不进行套袋，后期的频次可以降低。果实采后的晾果（愈伤）也要在相应的条件下进行，温度一定要控制在15℃以下，最好10℃以下，如果条件不合适，可以考虑在冷库中进行。

2. 虫害的发生与防治　春季虫害发生种类相对较少，但也需要做好防控，尤其是桑盾蚧等较难防治的害虫；另外，还有小型叶甲、小蠹虫等。

桑盾蚧一般一年发生3次左右，根据各地不同气候条件，第一批孵化的若虫一般在2月底至4月出现，需要密切关注其生长过程，选准时机，在若虫孵化盛期施药效果较好，可使用噻嗪酮、烟碱·苦参碱等药剂防治。形成盾壳后，则施药效果不佳，此时可用挑治的方法，用硬毛刷将虫体刷掉，之后烧毁；也可以用机油乳剂或矿物油乳剂进行涂抹防治。对于介壳虫的防治一定从早，只要见到就挑治，遏制虫害爬上果实，若等到满园虫害再进行防治，则效果差。

小型叶甲体型较小，一般危害较轻，只危害较为幼嫩的枝梢或叶肉，使叶片出现孔洞或缺刻，若危害较重可以喷施菊酯类药剂进行防治。近几年小蠹虫在不同地区有所危害，其属于检疫性虫害，且较难防控，需要引起重视，目前在云南、贵州、福建、湖南等地均有发生。成虫钻蛀到主干或主蔓进行危害，湿度较大时虫口会伴随红褐色液体流出，且极易引起枝条或树干干枯死亡，很容易与溃疡病混淆。密切观察，一旦发现，即用药防治，可用毒死蜱等注射虫孔；若枝条坏死，则剪掉烧毁。

（六）春季其他田间管理

1. **嫁接苗管理** 休眠季节嫁接后，待春季树液流动，会有不同程度的伤流，如果植株较大，且土壤水分充足，很容易在嫁接膜内积聚过多水分，影响愈伤组织形成和接芽成活。如果出现此种情况，可以在嫁接膜（靠近砧木部分）刺一小孔，用手指按压，将液体挤出，过程中避免碰触接穗；同时可以采取在嫁接口下部砧木以上刻伤的方法进行“放水”，但此方法一定要考虑到是否有病菌侵染风险，伤口要刻到木质部，伤口长度大约为枝粗度的1/3，宽度5毫米左右。

但若采用地接方式则不会存在此问题，同时可以借鉴新西兰的方法，即嫁接时对切面、接穗涂嫁接蜡保湿，代替我国嫁接膜绑缚的方式，可以减轻这种情况。

2. **倒春寒防控** 3、4月是温度波动较大的时期，很容易出现倒春寒天气，2018年的4月初是近年来倒春寒最为严重的一次，造成了很多果园几近绝产的状态。当芽体萌动后，即使没有0℃以下的低温，较大的温度波动都会对新芽造成严重的影响。因此，春季一定要注意天气变化，晴朗天气的低温更容易产生伤害，对于倒春寒频发的区域，叶片具有吸收功能时，可以及时喷施氨基寡糖素、芸苔素内酯等植物生长调节剂，提高树体对逆境的抵抗能力，同时通过园区熏烟、架面上开启微喷灌、冷空气来临时通过机械鼓风避免冷气聚集等方式减轻倒春寒危害。遇倒春寒灾害性天气后，及时剪除受害枯枝，喷施上述提高抗性的药剂，修复枝叶功能，迅速恢复树势，减轻灾害损失。

3. **防止低温危害** 春季萌芽后气温提升慢，长时间处在气温10℃的条件下，就会大大降低猕猴桃新梢生长量，影响花芽的形态分化，造成叶片普遍失绿，常被误认为是缺氮或缺硫。可以在果园四周建防风林（或安装防风网），有一定预防效果。同时春季萌芽后，如遇长期低温，可以喷施芸苔素内酯等提高抗性的植物生长调节剂，可以减轻冷害。在一些高海拔的区域，可见到类似情况，

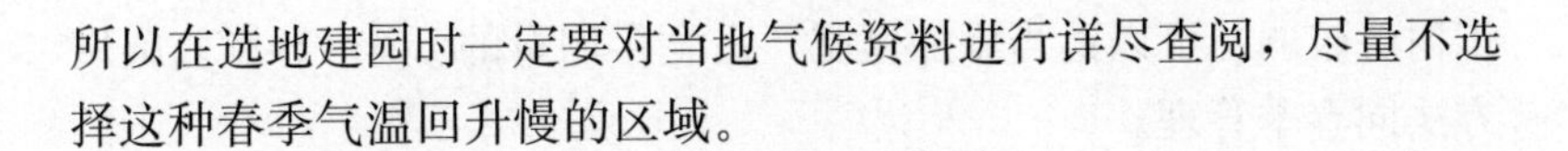

所以在选地建园时一定要对当地气候资料进行详尽查阅，尽量不选择这种春季气温回升慢的区域。

三、夏季管理

猕猴桃园夏季管理阶段主要包括了猕猴桃的果实膨大期、夏梢生长期、果实成熟期，此时期主要的园区管理是肥水管理、土壤管理、树体（抹芽、摘心）管理、夏季嫁接、果实管理、病虫害防治、采收准备等。根据各地气候，这一阶段，在秦岭—淮河一线以南区域是指6—8月，在秦岭—淮河一线以北区域是指6月下旬至8月，在贵州水城、云南屏边和四川凉山等低纬度高海拔区域是指5—8月。

（一）肥水管理

1. 水分管理　对于多数产区，初夏雨水丰富，甚至可能出现洪灾，所以在雨季来临之前要求做好水渠的疏通工作，确保雨后半天园区内没有明水。部分地区盛夏易出现高温干旱，此时期树体蒸腾量巨大，每株成年树一天可蒸发近50千克水，所以一定要确保水分的供应。

水分供应的时间需注意避开高温时段，在高温季节，切记不要在一天中的最高温时段（如中午12时以后至下午4时前）灌溉，可以在早晚进行，以防水温过高伤害根系，造成生理缺水，导致植株死亡。对沙性强、保水性差的土壤，提高灌水频率，灌后采取地面覆盖等保墒措施，平时多施有机肥、行间种草，提高土壤的保水保肥的能力，以减少灌溉造成的肥分淋溶损失。同时在棚架上方架设遮阳网，减少叶面水分蒸腾，降低园内温度。

2. 肥料管理　6月对于一些品种来说仍处在快速膨大期，同时7月后属于花芽生理分化阶段，所以在第一次膨大肥后30～40天需要提供一定的营养供果实、树体吸收，促进果实的继续膨大，提高树体组织充实度。对于健壮树体可以直接施用钾肥或磷钾肥，对于树势较弱的可以适当添加氮肥，占全年用量的5%～10%。施用方法同春季管理。

对于幼树的施肥，仍按照大概每30天左右1次进行，此期需要添加磷钾肥，促进树体花芽生理分化，提高枝条的充实度，提高树体抗性。

（二）土壤管理

在湿度较大的区域，需要将覆盖在树盘的有机物翻开晾盘，同时行带间及时除草，降低园区湿度，避免真菌病害的发生和流行。而在较为干旱的区域，除了做好树盘覆盖之外，可以在行带间适当留草，草的高度控制在30厘米以内，既调节园区小气候，又不会影响园区通风，避免由于温度过高造成果实的热害或影响枝条的抽生等。

（三）果实管理

1. 套袋 果实套袋是我国大部分猕猴桃产区采取的一项管理措施，不仅可以防止后期病虫害的危害，还可以保持果面洁净，使果面色泽均一，提高果实商品性，同时能够降低农药残留，提高果品安全性。

（1）果袋的选择 常用的猕猴桃专用袋是按照其果实形状和大小设计的单层袋，一般规格为长15～20厘米，宽10～14厘米，多选用棕黄色木浆纸作套袋纸，其韧性、防水性和防菌性能都比较好。

（2）套袋时间 单纯以防日灼、防后期虫害及保证果面光洁为目的，可在花后50天开始进行，过早影响果实膨大，过晚则使套袋作用降低。如果以防治果实软腐病为主要目的，则套袋时间要提前，可在花后30天左右开始。

（3）套袋前的准备

① 施药。套袋前喷一遍杀虫杀菌剂防治病虫害，杀虫剂可选择菊酯类、生物制剂，杀菌剂应选择治疗剂，如杂环类、三唑类以

及生物制剂等。若喷药后 2 小时内遇雨，要及时补喷。喷药的果实应在 3 天内套完，如果 3 天内未套完，需重喷。

② 果袋处理。将袋口湿润一下，使袋口 5 厘米范围内保持柔软，以便套袋时能够扎紧袋口，防止害虫潜入，又能防止纸袋摩擦果皮而产生伤痕。

③ 其他。准备好盛装纸袋的布兜和登高用的凳子。

由于套袋耗费人工量大，而且用工密集，所以很多大型果园逐渐开始选择不套袋处理。但在此之前一定要确保以下几点：栽培区域的年光照时间在 2 000 小时以内，园区叶幕层已经达到全园覆盖的程度，不会产生日灼问题；没有柑橘小实蝇、吸果夜蛾、蝽等虫害较严重的危害；保证生长期果实真菌病害防治工作到位；高抗果实软腐病的品种等等。满足这些条件则可以考虑不套袋，节省大量人工和果袋成本。

对于光照过强区域，如果病虫害防治到位、叶幕层培养均匀，可采取架面上安装浅色遮阳网的办法，降低果园温度、提高果园湿度，可以预防果面颜色不均，还有防治日灼或热害的效果，提高果实商品价值。

2. 疏果 此次疏果是春季疏果的补充，对于遗漏的小果、畸形果，以及病虫危害的果实在套袋前进行疏除，节约树体养分，提高园区商品果率。

（四）树体管理与夏季修剪

1. 夏季修剪 对成年树来说，除保留主蔓附近空缺部位发出的新梢外，其余部位 6 月下旬以后新萌发的芽苞或嫩梢均抹除。并对主蔓萌发的新梢加强管理，如果是朝天枝，对其留 3～4 片叶重摘心，促发二次枝，降低枝势；如果向其他方向生长，尽早拉平或扭枝，降低长势。对于主蔓上及结果母枝基部萌发的春梢，在其卷曲时摘心，如摘心促发了二次梢，可以在其长至 10 厘米左右时进行摘心促壮，翌年同样可以开花结果，而不影响产量。但若以上情况出现得较晚，则可待冬季修剪时再做选留。

对于较为郁闭的园区或植株，尤其是树势旺盛的品种，夏季修剪尤为重要。剪除底层郁闭的弱枝、病虫枝，无用徒长枝、外围枝等，并将较长的外围结果枝剪短，增加园区通风透光度，减少病菌流行风险。园区透光率可保持在10%～15%，叶面积指数约2.5。但有时会存在进行夏季修剪后仍有较大量的新梢萌发的问题，可适当增加结果量，或采取环剥或环割等手段控制。

不同时间的环剥对于树势强劲的植株或枝条在树势控制、增加果重、提高果实品质上均有较为积极的作用，但需要根据不同品种确定不同处理时间，同时，处理时的深浅、宽窄控制均要做到位，否则可能效果不明显，甚至出现相反的结果。

幼树树体管理参考春季管理。

2. 夏季嫁接 夏季嫁接多数是休眠季节嫁接的补充，在砧木新梢长到50厘米左右即可进行摘心促壮处理；同时将预留为接穗的外围结果枝提早进行摘心处理。当二者均达到半木质化程度以上时，则可以进行夏季嫁接，此时多用劈接或腹接方式。嫁接时间以5月底至6月底为宜，过早枝条木质化程度不高，过晚生长量小，达不到预期上架目标，同时组织充实度不够，抗性较差。如果远距离使用当年接穗，需要进行保湿、降温处理，温度控制在15～20℃，使用时间控制在72小时以内。

有条件的园区，可以冷库储存（少量可冰箱冷藏）冬季修剪的枝条待夏季嫁接用，接穗抗性、嫁接成活率等均优于现采接穗，但在储存过程中需要避光、保湿，冷藏在4～5℃条件下。

为应对冬季低温对树干基部的影响，有些偏北方的果园在夏季采取砧木新梢半木质化后桥接到主干上，为主干基部易冻伤部位提供双保险。在主干合适位置削一倒“丁”字形切口，剥开表皮，将顶部斜切的砧木新梢插入绑好即可。此方法简单易操作，成活率极高。

（五）病虫害防治

1. 病害的发生与防治 夏季高温多雨，利于多数病害的发生，

尤其在较为郁闭、通风透光条件不好、树势较弱的果园，病害发生更为严重。此期常见的病害有根腐病、膏药病、褐斑病、灰斑病、炭疽病、黑斑病、果实软腐病、病毒病等。

（1）膏药病　膏药病由担子菌亚门的隔担耳属真菌（*Septobasidium* sp.）引发，多发生在树冠比较郁闭、通风透光条件较差或介壳虫、叶蝉发生严重的果园，在高温高湿的条件下发生较重，主要危害多年生枝蔓。该病的发生与缺硼也有一定的相关性。开始时出现浅色或接近树皮颜色的霉点，慢慢形成菌丝并扩大集结成块状，颜色呈现灰白色、紫灰色或暗褐色等，外观呈现膏药状。严重者影响植株树势，对果实产量、品质均造成较大影响；当病斑环绕枝蔓一周时，则造成枝蔓枯死。

防治膏药病，要加强园区通风透光条件，在高温多雨的夏季注意除草降湿，避免介壳虫等危害及缺硼状况的发生。一旦发现病害立即刮除病斑涂药，可用甲基硫菌灵、异菌脲等。若园区病害流行风险较高，在针对病斑防控的同时，全园喷药防治。若有枝蔓受到较严重的危害，需要剪除重新促发新枝。对介壳虫等虫害严重的园区，加强虫害的防治，减轻病害。

（2）褐斑病　褐斑病是一种真菌病害，据报道，由链格孢（*Alternaria alternata*）或山扁豆生棒孢（*Corynespora cassiicola*）等真菌引起，在高温高湿条件下发病，主要危害叶片。若园区管理不到位，树体抗性下降或根系受害，将加重褐斑病的发生。病菌感染叶片后，开始为水渍状污绿色斑点，不规则形，之后逐渐扩大，病斑外沿多为深褐色，中部浅褐色到褐色。叶缘部病斑较叶片上大，而且在高温多雨季节发展迅速时连接成片，导致叶片卷曲破裂，最后干枯落叶。

防治褐斑病，需注重园地选择与规划、改土，确保良好的根系生长环境，合理负载，提高树体抗性；高温多雨季节注意排水、除草，降低园区湿度，采用合理的种植密度与修剪方式，确保园区通风透光。结合防控果实病害进行防治，药剂可用甲基硫菌灵、嘧菌酯、苯醚甲环唑、戊唑醇、肟菌酯、多抗霉素、异菌脲、噻唑锌等。

(3) 灰斑病 灰斑病也是真菌病害，据报道由烟色拟盘多毛孢（*Pestalotiopsis adusta*）和盘多毛孢菌（*Pestalotia* sp.）引起，借助风雨传播，在高温干旱条件下危害严重，主要危害叶片；严重者可造成园区提前落叶，尤其以树势较弱、管理不到位的园区为重。病菌侵染叶片后，开始在叶片边缘或中部位置出现褪绿污斑，随后病斑逐渐扩大，由于叶脉限制，叶片中部的病斑较叶缘小，但一般比褐斑病病斑大。严重时，病斑结合成片，导致叶片大部分受害，最后干枯落叶。

此病与褐斑病为我国猕猴桃主要的叶部病害，很容易导致晚秋梢暴发或暴芽，消耗树体营养，降低来年产量。需要在加强树体营养管理、提高树体抗性的同时，加强园区排湿、改善通风透光条件，结合防治果实病害一起防治。可以用嘧菌酯、苯醚甲环唑、戊唑醇、肟菌酯、多抗霉素、异菌脲等防治。

(4) 炭疽病 炭疽病主要由胶孢炭疽菌（*Colletotrichum gloeosporioides*）等真菌引发，常温高湿时发病重，主要危害叶片、果实。不同品种对其抗性不同，Hort16 A即很容易感染此病，最终导致大面积落果。通常被害叶片边缘出现灰褐色病斑，初呈水渍状，病健交界明显，逐渐转为深褐色不规则形斑；后期病斑中间变为灰白色，边缘深褐色，其上散生许多小黑点；病叶叶缘稍反卷，易破裂。受害果实最初为水渍状、圆形病斑，逐渐转成褐色、不规则形腐烂斑，最后整个果实腐烂，导致落果。

防治炭疽病，要选择抗性较好的品种，同时在多雨季节注重降低园区湿度，加强排水、除草、夏季修剪等管理，结合防治其他果实病害一起防治。

(5) 黑斑病 黑斑病是高温高湿季节经常发生的病害，主要由稻黑孢霉（*Nigrospora oryzae*）等真菌引起，尤其以通风透光条件差、全年湿度较高的区域为重，主要危害果实、叶片和枝蔓。

叶片受害初期叶背产生灰色小霉斑，随着霉斑扩大，颜色转为暗灰色或黑色，同时，叶正面相应部位呈现失绿。随着病情加重，

病斑越来越多，叶面多个病斑相连后呈圆形或不规则形黄褐色到褐色斑，病叶早落。

果实受害初期，果实表面着生灰色绒毛状小霉斑，后逐渐扩大成暗灰色或黑色大霉斑，后期霉层逐渐脱落，果实表面形成圆形或近圆形凹陷斑，有的凹陷斑上着生明显的黑色孢子。绿色果皮品种的凹陷斑多呈现失绿状，褐色果皮品种有时呈现褐色；病部果肉呈锥状硬块，之后周围软化腐烂，病果早落。发病较轻的果实采后易腐烂，品质低劣。

枝蔓受害初期出现暗褐色到红褐色水渍状斑，纺锤形或椭圆形，多凹陷；后期扩大，纵裂，皮下现愈伤组织，使受害部位呈现爆裂状，病部表皮及坏死组织上生灰色霉层或黑色霉点。

此病多在6月上中旬开始发病，直到秋季；在发病前结合防治其他叶片、果实的真菌病害一起防治；雨季注意排水降湿，农业防治与化学防治相结合，使其危害最低化。

（6）根结线虫病 线虫在根皮与中柱之间危害，初期症状为根系上生有凸起结节，外观根皮颜色正常，大结节表面粗糙，后期结节及附近根系均腐烂，变成黑褐色。以细根和小支根危害最重，引起短缩、扭曲等症状。受害严重时出现次生根瘤，发生大量小根，并交互盘结成团，最后根瘤腐烂，病根坏死。感病轻者地上部分没有明显症状，感病较重的植株地上部表现为植株矮小，枝蔓、叶黄化衰弱，长势衰退等。

防治根结线虫病，要加强苗木检疫，不栽带虫苗；园区内发现根结线虫危害后，树冠下撒药后深翻，深度20厘米左右，或表层用药后浇水；沙性较重的土壤应重视有机肥的投入，改善土壤的物理性状，降低线虫危害。

（7）病毒病 病毒病近年来在各产区常有发生，多数由猕猴桃病毒B、柑橘叶斑驳病毒及长线型病毒引发，危害叶片。常见叶片出现无序的黄色斑点或斑块，病健交界明显；有的连接成片，造成整片叶的大部分呈现黄色或黄白色，严重影响叶片的光合功能。病状较轻者园区内个别植株的个别叶片出现症状，较重者造成植株的大部分叶片受害，影响植株生理功能，树势衰弱。

目前对病毒病的研究较少，没有非常有效的药剂防治方法。在发病较轻的园区，剪除病叶或病枝后，全园可以喷洒氨基寡糖素、寡糖·链蛋白等药剂，也可施用烷醇·硫酸铜等。注意工具消毒，有条件者可栽植无病毒苗。

2. 虫害的发生与防治

（1）金龟子 金龟子一般对幼年园的猕猴桃植株危害较重，常见的种类有铜绿丽金龟、黑绒鳃金龟、斑喙丽金龟等。多为一年一代，在5—9月危害较重，多危害叶片，夜间活动；幼虫也有危害根系的情况，但一般程度较轻。大型金龟如铜绿丽金龟、黑绒鳃金龟等使叶片呈现缺刻状；斑喙丽金龟由于体型较小，仅能危害叶肉，残留的叶脉使叶片呈现筛网状，但其具有暴发、暴食的特点，危害程度不亚于大型金龟，甚至更重。

金龟子一般采取田间安装杀虫灯可以预防，但由于斑喙丽金龟的趋光性没有大型金龟好，所以在具体防治上还要考虑结合化学防治，如用菊酯类农药等，于傍晚喷药。同时，要避免果园使用生粪，防止虫卵入园，有机肥要充分发酵。

（2）小薪甲 小薪甲多发生在较为干旱的偏北方果园，如陕西、河南等地，在5—7月是危害的高峰期。其对单果不危害，对相邻的两个果实连接处危害。受害果面出现针尖大小的孔，有时会有白色蜡状分泌物，其后果面表皮细胞形成木栓化凸起结痂，呈暗褐色，同时果面危害部呈微凹状，不饱满，影响果实商品性。

可以喷施菊酯类药剂或毒死蜱等药剂防治。

（3）吸果夜蛾 吸果夜蛾多发生在偏南方的果园，在果实接近成熟期危害。成虫于傍晚飞入果园，静伏果面刺吸汁液，闷热无风的夜晚出现量最多。受危害果实由伤口部位逐渐软化扩展，最后导致落果。

成虫发生期间用杀虫灯诱杀、果实套袋是很有效的防治措施。

（4）蝽 在猕猴桃园区中经常见到的蝽是麻皮蝽，为刺吸式口器。以汲取植物的汁液为生。猕猴桃园中，若虫、成虫均能危害，

危害叶、花、蕾、果实和嫩梢。4—9月为危害高峰期。组织受害后，局部细胞停止生长，组织干枯成疤痕，木栓化，凹陷；叶片局部失色，影响光合功能；果实不耐贮藏，失去商品价值。

如果园区内发生较重，可以喷施菊酯类药剂或生物药剂，如除虫菊酯类农药，果实套袋也是防治其危害果实的有效手段。

(5) 柑橘小实蝇　柑橘小实蝇是危害范围较广，而且较难防治的虫害，在柑橘、杨梅、番石榴、阳桃、枇杷、蒲桃、番荔枝等果树上危害，是重要的检疫对象之一。近几年在猕猴桃上也开始发生，而且危害较重。成虫在近成熟的果实上产卵后，幼虫在果肉内孵化取食，造成危害部分软化腐烂，最后导致整个果实软化，掉果，有的果园掉果率高达50%，严重影响种植户的收益。柑橘小实蝇危害的果实采收入库后，不仅本身快速后熟腐烂，同时也加重其周边健康果实的后熟软化，在采后也带来较大损失。

果实套袋是目前最为有效的防治手段，同时园区内悬挂黄板也会起到一定的降低虫口数量的作用。秋季施基肥时，可拌杀虫剂，清除在土壤越冬的虫源。

(6) 介壳虫　猕猴桃园中常见的介壳虫有桑盾蚧、草履蚧及梨圆蚧等，但危害最重的是桑盾蚧。以刺吸式口器汲取组织汁液。主要在较老的枝干上危害，严重者密布整个树干，影响植株长势，造成树体衰弱；有时也会爬到果面上危害，造成果面虫壳密布，失去商品价值。

主要在若虫孵化期喷施噻嗪酮等药剂进行防治，因其世代不整齐，需要多喷几次才能收到较好的防效，一旦形成介壳则不宜喷药防治。在发生量较小的园区可以通过刷掉虫体烧毁的方法进行防治；也可以对虫斑涂抹机油乳剂或矿物油乳剂进行防治。冬季修剪时，剪除带虫枝条，刮除老翘皮，并清理出园烧毁，降低越冬虫源。

(7) 蝙蝠蛾　蝙蝠蛾类害虫主要以幼虫危害多年生枝干为主，幼虫钻蛀到枝干内部取食，并将排泄物与丝状分泌物堵在洞口，严重者导致地上部分死亡。目前从南到北多数猕猴桃产区均有发现，需要认真排查防治。

发现树体被危害后，可以通过剥除排泄物向洞内注射杀虫剂，之后堵上洞口来防治。药剂可用菊酯类或苏云金杆菌等。在成虫羽化期用杀虫灯诱杀也是较为有效的防治手段。

(8) 斜纹夜蛾　长期干旱少雨，很容易导致斜纹夜蛾的发生，而且经常呈现暴发的状态，多危害叶片，有时也会对果面有影响。

在低龄幼虫时喷施甲氨基阿维菌素苯甲酸盐等药剂有较好的防效，随着虫龄增大，防效会减弱。

(9) 透翅蛾　透翅蛾以南方果园中较为常见，危害程度不是很大。以危害幼嫩的猕猴桃新梢为主，钻蛀到嫩梢后取食，洞口堆有少量虫粪，随着危害加重，洞口以上新梢萎蔫坏死。

在日常管理过程中，见到被危害的嫩梢要剪除销毁；发生较重的园区喷施药剂防治，如菊酯类农药、生物源农药等；结合防治其他虫害，灯光诱杀成虫；加强园区管理，减少虫源。

(10) 卷叶蛾　卷叶蛾主要危害芽、嫩叶、花蕾及果实。常在危害部位吐丝结网，潜伏其中嚼食。危害果实时，多在相邻果之间取食，幼虫啃食果皮和果肉，造成果面虫伤或落果，严重影响果品的商品价值和产量。成虫白天多栖息在叶背或草丛间，夜晚活动，有趋光性。

幼虫危害期喷施药剂防控，灯光诱杀成虫。

(11) 蓑蛾　蓑蛾在猕猴桃产区中较为少见，其发生主要跟气候有较大关系，如果长期干旱少雨，则有可能发生蓑蛾危害。以取食叶片、嫩梢、小枝为主。

在发生期喷施菊酯类农药很容易防治。

(12) 软体动物　目前在我国猕猴桃产区，产生危害的软体动物主要是蛞蝓和蜗牛，以湿度较大的产区危害为重，且多在夜间及晴天的早上活动。以取食叶片和幼嫩枝条为主，有时也危害果实，造成果面凹凸不平，影响果实商品性。对果实的危害与菌核病危害症状类似，经常有弄混的情况，需要仔细辨认：菌核病主要在幼果期危害，没有此类动物爬过的痕迹。

在其发生期树体喷施菊酯类农药、毒死蜱等药剂，树盘撒施四聚乙醛等均有较好的防治效果。

(13) 蜡蝉　蜡蝉类害虫主要以广翅蜡蝉和斑衣蜡蝉在猕猴桃园中常见，以成虫、若虫刺吸嫩枝、芽、叶汁液。虽然常见，但危害不重。可以结合冬季清园等农业防治措施降低园区虫源基数，减轻危害。若发生量较大，可以喷施吡虫啉或噻虫啉等药剂防治。

(14) 叶蝉　以小绿叶蝉危害较为普遍、严重，全国大部分猕猴桃产区均有分布，成虫、若虫汲取芽、叶和枝梢的汁液，被害叶片初期叶面出现黄白色不规则斑点，逐渐扩大成片，严重时全树叶片苍白、早落，严重影响叶片光合作用，降低植株长势，使果实品质下降。

发生期喷施吡虫啉或菊酯类药剂防治；做好夏季修剪工作，清除杂草，加强园区通风透光条件；冬季清园要彻底，降低虫源基数。

(15) 叶螨　叶螨在多数产区较为少见，但近两年在少量产区见到，以口器刺入叶片吮吸汁液，使叶片呈现灰黄色或黄白色斑点、斑块，危害重的叶片泛黄、脱落，与叶蝉危害状类似。多在高温干旱气候条件下发生，繁殖迅速，危害严重。

防治叶螨，可在冬季刮除树干翘皮，之后将树干涂白，杀死越冬虫卵；高温干旱季节注意观察防控，一旦发生，需要喷施哒螨灵或阿维菌素等药剂防治。

3. 营养失调症　营养失调症，多数是由于土壤某种或某几种营养元素缺乏或过量，导致树体正常生理功能受阻，从而在叶片或枝干上表现出不同的症状。但如果极个别植株表现出了类似的营养失调症，不要盲目下结论而判断土壤缺乏某种营养元素，此种情况很有可能是个别植株的根系或根颈部位等受到了伤害，影响了对元素的吸收而造成的现象。因此，在判断园区是否存在营养元素失调的时候，需要全园观察，看是否是系统性、普遍性的问题，才能给出正确的判断及合理的矫正措施。

(1) 缺素症

① 缺钾症。猕猴桃植株缺钾后第一个表现就是新芽萌发时生

长势弱，在严重缺钾的植株上，叶片小、黄绿色、无光泽，并在较老叶片边缘出现轻微的失绿。

随着症状的加剧，老叶边缘开始上卷，尤其在中午较热的时候更加明显，这种现象第二天会消失，经常使人误以为是缺水。

缺钾后期受害叶片边缘出现长期卷曲，而且常见脉间组织向上隆起。同时从叶片边缘起出现缺绿，并从脉间向中脉扩展，在靠近主脉的组织及叶片基部留有正常绿色带。缺绿组织与正常组织的交界处不明显，不像缺镁、缺锰的病健交界明显。失绿组织很快坏死，从浅棕色到深棕色，并出现焦枯坏死斑。

随着叶片焦枯症状日益严重，受害组织变得容易破碎，并在边缘脱落，叶片呈现碎片状。严重缺钾症会导致植株提前落叶，但果实依然牢固地挂在树上。

7、8月田间取样检测结果表明，健康植株全展叶片中钾的含量通常在1.8%以上，而全展叶片中钾的含量如果在1.5%以下则会出现缺钾症。

我国猕猴桃产区对大量元素的投入比较到位，缺钾症较少见，但也会在一些管理不善、土壤贫瘠的果园中发生。当发生缺钾症时，可以通过施钾肥来改善，常用的钾肥有3种：氯化钾（含钾量50%）、硫酸钾（含钾量40%）以及硝酸钾（含钾量37%）。除了钾元素含量较低外，硫酸、硝酸形式钾肥的价格通常比氯化钾要贵，而且猕猴桃生长亦需要较多的氯元素，所以可在生长季节施用一定比例的氯化钾，但不能长期施用氯化钾，应与另两种钾肥交换施用。

改善缺钾症所需的钾肥量由以下因素决定：症状的严重程度，树龄，产量以及土壤类型等。产量在1 500千克/亩的果园，从果实中损失的钾量大约每年在5.5千克/亩以上。每年必须通过测量土壤营养状况，确定合理的施肥方案来补偿这些损失。

② 缺镁症。初期表现为新发枝条上的较老叶片叶脉间出现淡黄绿色失绿，失绿通常发生在叶片边缘，随后在脉间向中脉扩展，而在主脉两侧留有相对较宽的健康组织。但在某些情况下，叶片边

缘2厘米左右的组织保持绿色，而其内侧的组织开始坏死。在这些叶片上，坏死组织通常形成一环圈，与叶缘近乎平行，呈现明显的马蹄形。而在叶片基部靠近叶柄的很大一部分仍保持绿色，即使在严重缺镁的植株上也是一样。

与缺镁症很容易与硼中毒和缺锰症混淆。硼中毒时，脉间失绿很快变焦枯坏死，并沿叶缘向中脉扩展，而缺镁症的坏死组织仅限于叶缘或平行于叶缘的独立的一条区带。缺镁症的病健交界处比硼中毒更明显；另一个显著的特征是，即使在严重缺镁的植株上，症状也不会向新叶发展，这一点与硼中毒不同。缺锰症与缺镁症的区别在于，缺锰首先表现在新成熟的叶片上，并不像缺镁症发生在最老的叶片上。同时，缺锰时整片叶的叶肉失绿，仅在主脉两侧留下较小的健康组织区带，而缺镁时有大部分组织仍保持绿色，尤其在叶片基部更为明显。而且，缺镁时叶片会出现大面积的焦枯坏死，缺锰不会发生此种情况。

7、8月田间取样检测结果表明，健康植株全展叶片中镁的含量通常在0.38%以上，而全展叶片中镁的含量如果在0.1%以下则会出现缺镁症。

我国缺镁症较少发生，但叶片上真正有缺镁表现时，还需要关注是不是由于土壤中其他阳离子过多引起，如钾离子或者钙离子。即使镁在土壤中含量较高，但由于这些阳离子阻止植株对镁的吸收，也会造成缺镁症的发生。

缺镁症可以通过土施镁肥来改善，可用硫酸镁等速溶性肥料改善土壤的缺镁状况。同时可以通过施钙镁磷肥或白云石、氧化镁等，来提高土壤镁的贮存量。

③ 缺氮症。缺氮会严重削弱猕猴桃植株的生长势，其症状首先在老叶上发现，随后很快扩展到幼叶直至整株受害。

开始，叶片的颜色通常从深绿到浅绿逐渐变化，随着缺素情况日益严重，受害叶片变成均一的黄色。但即使在缺素很严重的植株上，叶脉仍保持绿色，尤其在老叶上更明显。老叶上可能也会出现边缘焦枯的现象，焦斑首先发生在叶尖，之后沿着叶缘向叶柄部发展，同时坏死组织可能出现轻微上翻现象。

7、8月田间取样检测结果表明，健康植株全展叶片中氮的含量通常在2.2%～2.8%，而全展叶片中氮的含量如果在1.5%以下则会出现缺氮症。

我国猕猴桃产区正常管理的果园很少出现缺氮情况，可以根据土壤检测结果及果实、修剪下枝条带走量进行科学施肥。同时，果园内可以种植豆科作物，加强通风透光条件，提高其固氮能力。

④ 缺锌症。猕猴桃植株枝条的韧皮部内锌是较活跃的元素，缺锌时，症状仅表现在老叶上，尤其是在主干的分枝处；在严重缺锌的植株上幼叶仍保持绿色和健康，而且，幼叶大小没有变化。

猕猴桃缺锌症状表现为，老叶脉间出现鲜黄色失绿，而叶脉仍保持深绿，深绿色叶脉与黄色失绿对比非常明显。在缺锌植株上没有坏死斑的出现。严重缺锌也会导致侧根发育不良，田间通常到生长中期叶部才表现出症状。

7、8月田间取样检测结果表明，健康植株全展叶片中锌的含量通常在15～28微克/克，而全展叶片中锌的含量如果在12微克/克以下则会出现缺锌症。

缺锌症可以通过喷施或土施硫酸锌来矫正，同时土壤相对偏中性的果园可以通过施用过磷酸钙来减轻锌元素的损耗。

⑤ 缺磷症。缺磷同样会降低猕猴桃植株的生长势，在轻微缺磷的情况下没有明显的可见症状。明显的症状只有在严重缺磷的植株上才出现：老叶脉间失绿，颜色暗淡，并从叶尖向后扩展到叶柄处，老叶中脉及主脉背面也可能变红，而且颜色在靠近叶基部处更深，靠近上部的受害叶片呈现出淡淡的绛紫色，在叶缘处更加明显。

受害植株的叶柄也会比平常红一些，但是若用这个症状来判断植株是否缺磷则不是很有效，因为即使在健康的植株上，叶柄红色的深浅也有很大的不同。

生长季中期田间健康植株全展叶片分析结果表明，磷的含量通常为0.18%～0.22%，当新展叶片中磷的含量在0.12%以下时，

植株才表现出缺磷症。

我国猕猴桃产区土壤中磷的含量相差较大，需要根据具体检测数据进行改土或施肥。尽管由果实带走的磷相对较少，但也需要根据实际情况进行补充。偏碱的土壤可以用过磷酸钙，偏酸的土壤可以用钙镁磷肥，而且最好与有机肥在冬季一起施入，提高肥料利用率。

⑥ 缺氯症。猕猴桃养分需求的一个特征就是对氯的相对较高的需求量，在植物组织中氯总是以离子的形式存在。缺氯会严重削弱植株生长势，而且，组织培养研究结果表明，当植株缺氯时，对钾的吸收也会大大受影响。

缺氯症首先表现在最老的叶片上，在近叶尖部的主脉中间出现不连续的斑点状失绿组织。失绿通常发生在叶片边缘，之后在脉间向中脉扩展。在一些情况下叶边缘的失绿斑点结合形成连续的失绿组织带，较老的叶片也可能出现向下翻卷的情况。随着缺氯的严重，幼嫩叶片保持灰绿，同时叶面积明显减小。在缺氯的任何阶段都不会出现坏死组织。

7、8 月对健康植株叶片分析结果表明，氯的含量通常在 0.8%～2.0%。猕猴桃植株对氯的需求一部分是受体内钾含量的影响。所以，当钾的含量不影响植株生长时，新展叶片中氯的临界含量大约是 0.2%。而对中度缺钾的植株来说，叶片中钾的含量低于 1.0%时，要维持叶片的正常生长，较高浓度的氯（约 0.6%）是必不可少的。

缺氯症容易发生在降水量较大的沙性土壤，氯很容易从土壤中渗漏。猕猴桃缺氯症可以通过施氯化钾（含氯量 50%）来改善，但猕猴桃对过量的钠很敏感，所以氯化钠不能作为氯源来用。

⑦ 缺锰症。缺锰会首先导致新成熟叶片脉间浅绿至黄色失绿，但严重时会影响整株叶片。失绿首先发生在叶缘，之后在主脉间向中脉扩展，仅在叶脉两侧留下较窄的健康绿色组织。随着症状的日趋严重，叶脉两侧的健康组织进一步黄化，最后仅剩叶脉为绿色。通常，次脉间组织向上隆起，而且受影响的叶片可能会呈现涂蜡状

光泽。叶片面积不会明显减小，也不会出现坏死组织。

生长季中期大田取样检测结果表明，健康的全展叶片中锰的含量通常在50～150微克/克。缺锰能严重降低果实产量。营养枝条上全展新叶中锰的含量低于30微克/克会导致植株挂果数量及产量的大幅减少。

高pH（高于6.8）以及沙性较重的土壤较容易发生缺锰症，可以通过施用足量的酸化土壤的化合物来改善，如硫黄粉、硫酸铝或硫酸铵；在沙性较重的土壤中多施有机肥，增加矿物来源，减少肥分淋溶。

⑧ 缺钙症。严重的缺钙症首先表现在新成熟叶片上，然后向幼叶扩展，刚开始叶脉基部坏死变黑，随着症状加重，坏死组织向叶片剩余的细脉部分扩展，坏死面积扩大接合形成大片的坏死组织；随着坏死组织变干，叶片变得易碎，植株也容易掉叶。发展到掉叶阶段后，生长点慢慢坏死，促使腋芽生长，生长点也可能发展为莲座状的小叶簇。

7、8月大田中取样检测结果表明，全展叶片中钙的含量通常在3.0%～3.5%，当全展新叶中含量在0.2%以下时叶片表现出症状。

可以通过土施石灰（偏酸土壤）、过磷酸钙（偏碱土壤）等钙肥来改善土壤的含钙水平。

⑨ 缺铁症。缺铁症的特征症状是幼叶脉间失绿，由黄到雪白，较老的叶片通常保持绿色、健康。受轻度影响的植株，失绿范围仅限在叶缘，叶片基部接近叶柄结合处留有一大部分绿色组织。严重情况下，除了叶脉保持绿色以外，整个叶片失绿，最终，叶脉也会失去绿色，生长势大大下降；果实从花柱端开始泛黄变白，严重影响果实产量、品质。

7、8月田间取样检测结果表明，全展健康叶片中铁的含量通常在70～140微克/克；在全展新叶中铁的含量在60微克/克以下时，缺铁症状才表现出来。

从缺铁猕猴桃植株上摘取的叶片中可能含有与健康植株叶片同

等的或多于健康植株叶片的铁。其他植物种类研究结果表明，植物体内铁元素很容易被钝化，生成一些生理上无效的化合物。因此，较老的失绿叶片可能继续积累铁元素，但缺铁症状不会减弱。

一项简单的试验可以证实猕猴桃缺铁症：用铁素营养液喷施受影响的叶片，大概1周后，处理的叶片会出现绿色斑块而逐渐恢复健康颜色。

我国出现缺铁症的园区主要是由于土壤的碱性导致，而不是土壤中缺乏铁元素，如果土壤的pH在7.0以上，则土壤中的铁元素很容易被氧化固定。所以，可通过施用一些酸化土壤的化合物，如硫黄粉、硫酸铝、硫酸铵等，增加土壤中可利用的铁的浓度，易被植株有效利用。

⑩ 缺硫症。缺硫症导致的症状与缺氮症相似，这些症状包括生长势严重下降，出现灰绿色至黄色叶片等。但两者一个重要的不同点就是，缺硫症状仅表现在幼叶上，较老叶片保持绿色和健康。

最初，在幼叶叶缘附近表现出病健交界不明显的灰绿色到黄色失绿，之后失绿组织迅速扩展到叶片的大部分，在主脉与中脉的结合处通常会保留一明显的楔形绿色组织带。在严重缺硫的情况下，幼叶的脉间组织完全失绿，叶脉失绿，而这一点不同于严重的缺氮症。两种缺素症的另一个不同点就是缺硫时叶片不会出现叶缘焦枯的现象。

7、8月田间取样检测结果表明，全展健康叶片中硫的含量通常在0.25%～0.45%，通常只有在全展叶片中硫的含量低于0.18%时才发生缺硫症。

我国猕猴桃产区很少发生缺硫症，可能由于广泛施用含硫量较高的肥料，同时，每年由于修剪或采果等造成的硫的损耗量也很小。

⑪ 缺硼症。幼叶中部出现小的不规则黄色斑点组织是幼年树上缺硼症的主要特征，之后在中脉两侧这些斑点扩大并接合在一起形成较大范围的黄色组织。在受影响的叶片边缘通常保持一条健康的绿色组织带。同时，顶端未成熟叶片变厚，畸形扭曲。缺素症严

重时，节间不能伸长而导致茎干延长受阻，植株看起来比较矮小。

成年树发生缺硼症时，通常表现出主干或及主蔓等多年生枝条肿胀，俗称“藤肿”。树皮变厚、组织松泡、皮孔增大；果实种子发育不良，变褐，果心变褐坏死，幼果期出现落果现象，果实品质下降；严重者木质部变褐坏死，地上部分死亡。

7、8月田间取样检测结果表明，全展健康叶片中硼的含量通常在40～50微克/克，通常只有在全展新叶中硼的含量在20微克/克以下时才发生缺硼症。

缺硼症大部分发生在比较粗糙的沙壤土及缺乏有机质的土壤中，过量施用石灰会降低土壤中硼化合物的溶解性，同样可以导致缺硼症的发生。

出现缺硼症时，可以通过施用硼砂来慢慢矫正，也可以通过叶面喷施硼酸等硼肥起到一定效果，但从长效来说土施更加有效。如果是土施硼肥，以冬季休眠期施用更安全。同时在比较贫瘠的土壤中需要加大有机肥的投入，改善土壤的物理性状，提高营养元素的有效水平。由于猕猴桃对硼过量十分敏感，所以在施肥时一定要多加小心。

⑫ 缺铜症。缺铜症首先表现为未成熟幼叶均匀的浅色失绿，之后，失绿组织在脉间加重，但主脉基部仍保持深绿；失绿组织最终变白。缺铜降低猕猴桃植株的生长量，严重缺铜可以导致当季枝梢生长点坏死、变黑，并提前落叶。

7、8月田间取样检测结果表明，全展健康叶片中铜的含量通常为10微克/克左右，通常只有在全展新叶中铜的含量在3微克/克以下时才发生缺铜症。

缺铜症通常发生在总铜含量较低的酸性沙壤土，以及有效铜含量低的石灰质土壤中。因为猕猴桃叶片对铜盐很敏感，尤其在生长季节早期，所以，萌芽前土施硫酸铜是矫正缺铜症的最有效的措施。

(2) 中毒症

① 硼中毒。硼中毒的早期症状是较老叶片脉间黄绿色失绿，

后期很快发展到幼叶上，受害叶片通常会向上或向下翻卷，呈杯状。

随着中毒症加剧，脉间失绿发展成小的棕色坏死斑点，并很快由主脉间向中脉发展，有时也会同时出现叶片边缘坏死的症状。最终，主脉间的坏死斑点连接形成连续的坏死组织带，随着坏死组织的发展，颜色从棕色变为银灰色，并且变得易碎，使叶片呈现破碎状。

过量的硼严重降低果实产量，同时降低果实数量和单果重，果实的储藏性也会受到影响，在冷藏过程中会提前成熟。

像其他对硼敏感的植物一样，猕猴桃对硼的需求量从充足到过量是一个很窄的范围，叶片中硼的含量稍微高于需要水平就会对植株产生严重的危害。

4—6月的田间取样检测结果表明，叶片中硼的含量较低，在20～30微克/克，但这并不代表是缺素症。进一步分析结果得出，从6月到生长季末期，叶片中硼的含量通常会加倍，所以，如果使用硼肥去纠正看起来像早期缺硼的症状，就会很容易导致中毒症的发生。

硼很容易在沙性土壤中渗漏，但在比较黏重的土壤中残留时间较长。土壤的酸性状况可以加剧硼中毒症状，土施石灰或有机质可以降低过量硼对植株的影响。

尽管在生长季节的中期，田间取样分析表明，硼在健康的全展新叶中的含量通常是40～50微克/克，但表现出较严重的硼中毒症状的叶片中硼的含量一般高于100微克/克。

② 锰中毒。锰中毒的症状为在老叶主脉处出现规则的小黑点，随后这些坏死斑点向幼叶扩展，受影响的叶片通常保持暗绿色或钢铁样的蓝灰色，随着中毒症状的加深，受影响的叶片上坏死组织会加大，呈现浅褐色，大面积坏死斑块出现不久，许多受害叶片就会脱落。高浓度的锰还会导致缺铁症的产生，即为锰中毒的次生症状，特点就是幼叶脉间失绿。

植物对锰的过量吸收不完全是因为土壤中锰有效含量过大，也会由其他因素导致，如洪涝、表层土 pH 过低（低于 5.5）都会提高植物对锰的吸收，因此，锰中毒几乎总是跟酸性土或排水不良的土壤相关。

锰中毒的情况在偏酸性的红壤中较为常见，全展叶片中锰的含量超过 1 200 微克/克时出现中毒症状。但通常锰在健康植株中的含量范围是 50～150 微克/克，即出现中毒症的情况较正常状态有很大的数值差，在常规取样中有些叶片中锰的含量在 1 000 微克/克以下也表现出较为正常的状态。锰中毒引起缺铁症的叶片中，锰的含量异常高，一般大于 6 000 微克/克。

锰中毒的纠正措施：果园中施用石灰提高土壤 pH，降低锰的溶解性；疏通排水等。

③ 氮过量。氮过量的症状首先出现在较老叶片的脉间，从叶缘向中脉扩展，受影响植株的叶片比正常的显得暗绿、无光泽。

随着失调症的加剧，叶片失去膨压而变得柔软，使植物呈现出萎蔫状态。在大田中也可能出现叶缘向上卷曲的情况。在这方面，与缺钾症较为相似，但它们之间一个重要的不同点就是受氮过量影响的植株不会出现脉间失绿的症状。

大田中生长季节中期取样检测结果表明，在充分展开的健康叶片中氮的含量通常在 2.2%～2.8%，当充分展开的叶片中氮的含量超过 5.5%时才会表现出氮过量症状。但需要注意的是，发芽后不久叶片中氮的含量通常会超过 6%，随后早期阶段这种高含量会很快降低到一个相对稳定的状态，且从 6 月一直持续到生长季末期。

在大量氮肥集中施到植株附近时就会发生氮过量的问题，因此一定要注意施肥方法，控制好施肥量，避免植株受到影响。

4. 与营养无关的失调症

(1) 干旱胁迫 猕猴桃正常生长需要年降水量分布均匀、果园湿度相对较高，每株成年猕猴桃植株在 24 小时内蒸发的水量大约在 60 升。

湿度不足，尤其是在快速生长期，叶片会焦枯、出现浅黄色坏

死组织斑块；新梢生长点颜色变深褐色，严重者枯死。之后这些斑块会扩大，最终覆盖叶片的大部分，后期叶片边缘会上卷。

一旦雨后湿度增加，受害组织很容易受到一些病菌的侵染，如小丛壳菌、刺盘孢菌及拟茎点霉菌等。严重的干旱胁迫会导致植株提早落叶。

（2）日灼、热害 猕猴桃果实怕强烈日光直射，当温度在35℃以上时，暴露在阳光下的果实很容易产生日灼危害，以向阳位置的果实尤为严重。症状为果实的中上部皮色变深，多为红褐色或褐色，皮下果肉变褐，组织坏死并形成微凹状，病组织容易继发感染真菌，导致果实腐烂、落果等。

热害较日灼的不同点在于，强光没有直射到果面，但由于温度过高、空气湿度太小而造成果面凹陷，经常造成果面产生多个凹陷点。凹陷部位颜色稍深，后期组织老化；若遇到阴雨天气，则病菌容易侵染，造成果实溃烂、落果等。

重视树冠培养，形成良好的叶幕层是防止日灼的有效办法。如果处在高温天气较多的区域，幼年园时期可以通过果实套袋缓解日灼、热害。同时，喷水降温，园区在高温干旱情况下，适当留草，调节园区小气候，同样会有缓解作用。如果有条件可以架设浅色遮阳网，可以有效缓解日灼和热害。

（3）洪涝 由于猕猴桃根系的自身特点，如果排水不畅，很容易在连阴雨天气情况下，造成根系呼吸不良，诱发根腐病；长期渍水后叶片黄化、干枯、早落，严重时植株死亡。而突如其来的暴雨则很容易引起病害加重、裂果。特别在幼果期久旱后，裂果常有发生，金桃就是一个典型的品种。

（4）草甘膦危害 草甘膦对猕猴桃植株的危害可以导致叶片的伸长和扭曲变形，叶脉之间的叶肉组织也经常会向上隆起，有时受影响叶片也会失绿，呈现淡绿色。严重者新梢发育不良，扭曲变形，整株生长势大大降低。

草甘膦在土壤中的残留期很长，很容易被猕猴桃根系吸收，从而导致不同程度的药害症状发生。

为避免草甘膦危害，禁止猕猴桃果园使用此种除草剂。

(5) 草铵膦危害 虽然草铵膦较草甘膦内吸传导作用弱，但若喷到植株叶片、果实或幼嫩的茎干上，同样会产生严重的影响，使其出现黑褐色坏死组织斑，影响植株的光合作用。若坏死组织斑块较多，则会使整个叶片皱缩变形，严重者落叶。

四、秋季管理

猕猴桃园秋季管理阶段包括晚熟品种果实缓慢生长期、果实成熟期，此时期主要的园区管理是果实采收、基肥施用、病虫害防治、越冬前准备等。根据各地气候，这一阶段的时间，在秦岭—淮河一线以南区域是指 8 月中下旬至 11 月初，在秦岭—淮河一线以北区域，是指 9—11 月，在贵州水城、云南屏边和四川凉山等低纬度高海拔区域，是指 8—10 月。

(一) 果实采收及准备

1. 采前准备 早熟品种果实在 8 月底至 9 月初即可成熟采收，但在采收之前必须做好相应的准备工作。采前 20～30 天停止用药，采前 1 周停止灌水；连续做 1 个月的果实成熟度跟踪检测，在果实品质达到品种采收指标后方可采收；因采收天气要求晴天或阴天，所以要提前关注天气预报，若出现连阴雨天气，需要在综合评估后制出方案并执行；准备好采果用具、冷库、包装，并做好清洗消毒等工作。

(1) 成熟度检测及采收标准 果实成熟度直接关系到果实的口感、品质，做到科学、正确地检测成熟度是产业健康发展中重要的一环。如果盲目追求利润，过早采摘，轻者风味品质下降，耐贮性降低，严重者果实不能正常后熟，势必降低果品的商品价值，从而影响果品在市场上的接受程度，波及整个产业的发展。

目前国际上通用的采收指标是以干物质含量为主，以可溶性固形物含量、硬度、果肉颜色（黄肉品种）为辅。

根据种植管理方法及土壤条件不同，划分不同采样小区，一般30～50亩一个小区；面积较小的果园可作为一个小区。每个小区随机选择10～20株树，随机采摘20～30个果实，在采后4小时以内测定干物质含量、可溶性固形物含量、硬度、色度角等指标。具体测定方法如下。

① 干物质含量测定。取果实中部位置带皮横切片约3毫米厚，放置在60～65℃恒温干燥箱中烘干约24小时至恒重，干重与鲜重的比值即为果实干物质含量。这是判断果实风味品质是否达到某品种应有特性的基础指标，即果实的干物质含量如达不到应有的标准，则采下的果实风味品质差，内在品质达不到基本要求。

② 可溶性固形物含量测定。用数显式折光仪测定，于果实中部位置横切，用花柱端一半果实，挤横切面果肉果汁2～3滴于数显式折光仪凹槽内进行测定，直接读数并记录数据；也可以用手持式折光仪，将果汁滴在测试面，盖上盖板对光读数即可，如果果实成熟度较差，淀粉含量较高，影响读数，可以按紧盖板翻转折光仪读数。采收时果实的可溶性固形物含量是确定果实贮藏性的重要指标，当干物质含量达到基础指标后，如果就近销售或用于观光采摘，则可溶性固形物含量在6.0%～7.0%时即可采收，果实后熟风味已经达到该品种应有的风味，但果实不耐贮，易后熟；如果需长期贮藏，则要求可溶性固形物含量7%～11%（不同品种间有差异）时采收，果实不仅风味佳，且耐贮性最强；当可溶性固形物含量超过12%以后采收，果实风味更佳，但果实不耐贮，同样只适于观光采摘或就近销售。最晚也不要在超过最大干物质含量时采收，即干物质含量进入到稳定值前必须采完，否则果实会脱落，即使挂在树上，果实也会失重。

③ 色度角测定。色度角是表示颜色的一个值，用于评价黄肉猕猴桃品种果肉颜色的变化，一般用CR-400色差仪D65光源进行测定，用刮皮刀去掉果实中部位置2～3毫米厚果皮，探孔对准新鲜果肉进行测定，直接读数即为表示色度角的h值，h值越高，果肉颜色越绿。一般当h值在103°以下时，果肉颜色呈黄色，值

越低，果肉越黄。

④ 硬度测定。用刮皮刀去掉果实中部两侧相对位置果皮约 1 毫米厚，将果实放置在坚硬的平面上，用硬度计直径 7.9 毫米的探头压入果肉至探头环圈处，读取记录数据，果实硬度值取两次测量的平均值。硬度与果实的贮藏性有关，采收时，硬度越高，采后果实耐贮性越佳。因此，采收时也要考虑硬度值，如果采收时硬度过低，则采后需要尽快销售出去，否则易后熟腐烂。中华猕猴桃采收时的果实硬度最基本要达到 8.0 千克/厘米²，美味猕猴桃采收时果实硬度最低要达到 12.0 千克/厘米²，才能长期贮藏。就近销售或观光采摘对硬度没有硬性要求，硬度低点，还有利于采后后熟。

若果实采后要长期冷藏，不同品种可以参考的采收标准见有 6－3。

表 6－3　不同品种果实采后长期冷藏的参考采收标准

品种	干物质含量/%	可溶性固形物含量/%	硬度/（千克/厘米²）	色度角/°
东红	≥17.0	≥7.0	≥8.0	—
金艳	≥15.5	≥7.5	≥8.0	≤103
金桃	≥16.5	≥8.0	≥8.0	≤104
红阳	≥17.0	≥7.0	≥8.0	—
徐香	≥16.5	≥7.0	≥12.0	—
翠香	≥17.0	≥7.0	≥12.0	—
海沃德	≥16.0	≥6.5	≥12.0	—

（2）库房消毒　库房（预冷间、冷藏间、气调间和分选间）及用具在使用前均应进行彻底的清洁消毒，做好防病虫、防鼠工作。库房消毒可选用下列药物之一。

① 乳酸。将浓度为 80%～90%的乳酸和水等量混合，按每立方米库容需要 1 毫升乳酸的比例，配制乳酸混合液，将其放入瓷盘内用电炉加热，待溶液蒸发完后关闭电炉，闭门熏蒸 6～24 小时，然后开库使用。

② 过氧乙酸。按每立方米库容需要5～10毫升的20%过氧乙酸的标准，准备药液于容器内，并将容器置电炉上加热挥发熏蒸；或将按以上标准准备的药液配成1%的水溶液对库房全面喷雾。

③ 高锰酸钾。用0.5%高锰酸钾溶液喷洒。

④ 漂白粉。将含有效氯25%～30%的漂白粉制成10%的溶液，取其上清液备用，按每立方米库容需要40毫升上清液准备药液喷雾。

⑤ 其他办法。用国家农产品保鲜工程技术中心的CT-高效库房消毒剂5克/米^{3}熏蒸4～6小时。

垫仓板、周转箱、贮藏架等配套用具，可以在库房熏蒸消毒的同时置库内处理，也可用4%漂白粉溶液、0.5%高锰酸钾溶液或100～200毫克/升的二氧化氯溶液进行全面的清洗消毒，晾干存放于干爽处备用。

2. 果实采收 采收宜在阴天或晴天露水干后至上午10时以前和下午4时至天黑前进行，对于早熟的品种如红阳、东红等，由于其成熟期较早，即使是晴天的下午，采收的果实仍带有大量的田间热，所以最好在早上采收。露水未干的早晨、阳光强烈的中午或午后不宜采收。若遇雨天，至少要天晴3天后才能采果；但若遇到连续阴雨的天气，需要提前做好预案，将损失降到最低。

雨后高湿环境极利于病菌的滋生和传播，这与果实贮运病害的发生和危害有密切关系，尤其是和侵染性病害发生的关系更大。雨后充足的水分促使果肉细胞迅速膨大，向皮层产生很大的张力，此时的果实在采收、分选、装箱、运输等操作过程中更容易遭受机械损伤，受伤后的果实呼吸强度、乙烯释放量增加从而加快果实衰老，同时，伤口又为病原菌的侵入打开了方便之门，最终导致贮藏期间侵染性病害的蔓延和腐烂率的提高。

采前做好培训，剪指甲、戴手套，不带果柄采摘，轻拿轻放；采后避免阳光直晒，果筐码垛牢固，尽量缩短在田时间，卡车多拉慢跑。

3. 果实愈伤 果实愈伤能大大降低果实采后病害如蒂腐病的

发病率。愈伤需要在相对湿度较高（80%以上）、微风、凉爽（15 ℃以下，最好在10 ℃以下）的条件进行，否则容易导致果实失水过多、果皮皱缩，外观品质和耐贮性下降，病害加重等情况。果实采摘后如果没有适宜的愈伤条件，则需马上入库预冷，尽快将果心温度降至5 ℃左右，之后在1周时间内将库温逐渐降至适合品种贮藏的温度范围，对容易产生冷害的品种如红阳、金艳等，逐步降温尤为重要。

（二）基肥及采果肥施用

1. 基肥

（1）基肥施用原则 基肥一般在秋季落叶前（10月）至冬季休眠期（1月）施入，施用原则是“早、熟、饱、深”。

第一，基肥于晚秋至冬季萌芽前均可施入，这个时间段越早施效果越好。晚秋施入最佳，秋季根系生命力旺盛，此时施肥，伤根易愈合，更可促进新根发育。此时若合理施用基肥，既疏松了果园土壤，提高了土壤孔隙度，改善土壤中肥、水、气、热的状态，又利于微生物的活动，为基肥的分解转化提供了时间和条件，部分养分当年就能被树体吸收，增加树体营养物质的积累，提高细胞液的浓度，为翌年春季猕猴桃萌芽、开花、展叶、坐果奠定了物质基础。同时，秋施基肥能提高地温，防止冻害。避免了春施基肥造成当年秋梢旺长、花芽分化不良和果实发育不良的弊端。

第二，基肥要充分腐熟发酵。基肥主要是迟效性的有机肥（如动物粪便、油料作物榨油后的饼肥、各种动物骨粉等）和磷肥。有机肥要堆沤熟化，特别是动物粪便。如将未经堆沤腐熟的肥料施入果园，在肥料后期熟化的过程中容易发热烧根，造成肥害，影响树体生长。同时，没有发酵完全的肥料更是携带多种虫卵，如金龟子、介壳虫等，萌芽生长期园区虫害加重，危害幼叶生长，从而影响树体生长。

第三，有机肥施入要充足，施用量应占全年总施用量的60%～70%，配施过磷酸钙（偏中性的土壤）或钙镁磷肥（偏酸性

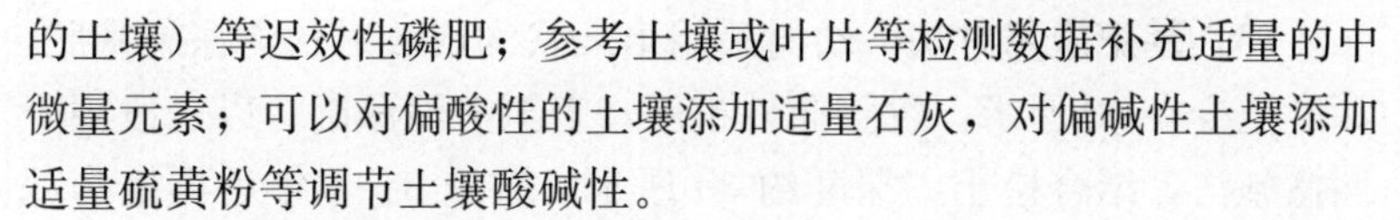

的土壤）等迟效性磷肥；参考土壤或叶片等检测数据补充适量的中微量元素；可以对偏酸性的土壤添加适量石灰，对偏碱性土壤添加适量硫黄粉等调节土壤酸碱性。

针对晚熟品种，采果后尽快施基肥，可将采果肥与基肥同时施用，为补偿采果带走的大量养分，添加适量的速效高氮复合肥以补充树体需求。但若树体已落叶休眠，则没有必要再添加速效肥料，待春季添加至萌芽肥中施入。

第四，基肥要深施。土施深度要求在 40～50 厘米，因为基肥主要是迟效性的有机肥和移动性弱的磷肥，只有深施才能诱根深入；如果浅施，深部根系则吸收不到，会导致根系停留在表层，难以深入，抗逆性降低。

（2）基肥施用量　在果实采收后，及时施用基肥，补充树体损耗的营养（表 6-4）。一般幼树施肥量为产量的两倍，成龄树施肥量与产量相当，弱树、土壤瘠薄的地块应适当多施。成年树大概每亩施饼肥等精有机肥 1～2 吨，粗有机肥约 2 吨，配合以上提及的磷肥、中微量元素肥料等。

表 6-4　成年果园中果实采收对各元素的损耗量（产量 1 500 千克/亩）

元素类型	元素名称	果实中损耗量/（克/亩）
大中量元素	钾	5 000
	氮	3 000
	钙	500
	磷	400
	硫	300
	镁	300
微量元素	铁	16
	硼	4
	锰	2
	锌	2
	铜	1.5
	钼	0.02

（3）基肥施用方法 幼树采用半环状沟或放射状沟深施基肥，深度至少在40厘米，逐年向外扩展，直至全园深翻；以后改用全园撒施法，结合松土，深度约30厘米。撒施3～4年后再挖沟深施，深度40厘米及以上，诱根深入，提高树体抗性。由于开沟用工量较大，可以在适合机械操作的园区采用小型开沟机、小型挖掘机等机械进行开沟、施肥。

若建园前未进行土壤改良的园区，每年结合秋季施肥，在定植穴外沿挖半环状沟或条状沟（根系未布满全园时，最好是见根而不伤根），宽度40厘米，深度50厘米，将腐熟的有机肥均匀地撒在挖出的土上，之后沟底填入粗质有机肥料如杂草、作物秸秆等，上面撒施石灰消毒，回填肥土，一定要将肥料与土壤拌匀。第二年接着上年深翻的边沿，向外扩展深翻，直至全园深翻一遍。

2. 采果肥 针对早熟品种，采果后施采果肥，以高氮复合肥为主，主要是解决采果后树体营养物质亏缺和花芽分化的矛盾。此次肥料主要是速效氮肥或高氮复合肥，可以土施1次，结合防病虫加施1～2次叶面肥，可提高叶片光合能力，增加树体氮素的贮藏量。对于晚熟品种而言，采果肥的施用可推至采果前后，结合施基肥进行。即将基肥施用时间提前，基肥中混入氮肥，有利于根系和枝干中贮藏大量氮素。因采果后猕猴桃叶片的营养在逐步回流到枝干和根中，叶片从根中吸收营养的能力降低，需要采取叶面喷施速效化肥，提高叶片的光合能力，转化成有机物回流到根系贮藏。土施采果肥，氮素等营养被吸收后，贮藏至根、茎中，为翌年萌芽、展叶、现蕾等利用。

土施采果肥可采用浅沟施、地面撒施或兑水施，前面2种方法施后要与土壤拌匀，施后浇水，提高肥效。

（三）病虫害防治

秋季采果后是防治各种病害的有效时期，此时期天气虽降温，但并未降至低温，病菌活动频繁，有溃疡病的园区可能出现少量症状。同时不用考虑农药残留对果实安全性的影响，若此时喷药防

治，会收到较好的效果。

1. 病害的发生与防治

(1) 溃疡病　秋季是溃疡病危害又一高峰期，采果后及落叶前后可以全园喷施氢氧化铜或氧化亚铜等无机铜制剂进行防治，同时可以与中生菌素等生物制剂交替使用，并辅以提高树体抗性的药剂，如芸苔素内酯、寡糖·链蛋白等，或在有冻害风险的区域，添加喷施防冻剂，均可起到一定的防控作用。

(2) 蒂腐病　蒂腐病病原与灰霉病相同，属于低温高湿病害，一般在软腐病发病高峰期之后发病，多出现在贮藏期。病菌由果蒂伤口侵入，水渍状斑从果蒂部均匀向四周发展，果肉有时呈现淡粉色；慢慢果蒂处出现绒毛状菌丝体，前期为白色，后变为灰色。病果常在贮藏期感染健康果实，不及时采取措施，会造成很大损失。

在采前做好防控（喷施咯菌腈、腐霉利等药剂）的同时，采后合理愈伤是防控蒂腐病的较为有效的措施；杜绝早采、避免采收时出现较大的伤口也是防控蒂腐病的重要手段；同时，对库房、果筐、用具进行消毒，可降低病害发生率。

(3) 白粉病　猕猴桃白粉病是一种秋后非常普遍的病害，由猕猴桃球针壳菌（*Phyllactinia actinidiae*）引起，一般梅雨季节不发病，以秋天危害为主，但若条件合适，如高海拔区域，在7月即有发生，主要危害叶片。感病叶片正面可见圆形或不规则形褪绿斑，病健交界不明显，背面则着生白色至浅黄色粉状霉菌，叶片较平展；后期散生许多黄褐色至黑褐色闭囊壳小颗粒。受害叶片卷曲、干枯，易脱落。

结合防治园区其他病害，喷施甲基硫菌灵、异菌脲、多抗霉素、啶酰菌胺等药剂防治。

2. 虫害的发生与防治　秋季多数害虫活动减少，虫体慢慢发育进入越冬准备状态。此期发生较多的是介壳虫，其防治方法在夏季管理中已有介绍，在此不做赘述。

3. 冻害　随着恶劣气候的常态化，几乎每个季节都有不同程度的自然灾害危害，深秋的冻害就是其中的一种。主要表现为，在树体落叶前，气温突降至 0 ℃左右，致使嫩梢、树叶干枯，变褐死亡，并挂于枝蔓上不脱落，严重者树皮冻裂、剥离树干。

冬季的冻害表现为树干开裂，枝蔓失水，严重者整个主干基部皮层剥离、干枯，地上部分坏死，较轻者仅部分皮层开裂，春季气温回升后在病健交界处形成愈伤组织，植株长势受不同程度影响；芽受冻发育不全，或表面成活内部死亡，不能萌发。

冻害可采取相应措施预防，具体有以下几点。一是采果后即可进行树干及主蔓涂白，减轻气温变化对树体造成的影响。容易发生冻害的区域，秋季进行防冻剂的喷施工作，如芸苔素内酯、氨基寡糖素等；或喷施提高树体抗性的药剂，如芸苔素内酯、寡糖·链蛋白等。随时关注天气情况的变化，采取相应措施预防或减轻冻害的发生。二是园区喷水，水在凝结时释放的热量可以缓解局部降温的急剧性，减轻气温骤降对树体的影响，此方法适合于 0 ℃以下的急剧降温情况。三是果园熏烟，用烟雾本身释放的热量，和以弥漫的烟雾作凝结核促进空气里的水蒸气凝结所释放的热量，缓解局部降温的急剧性，此法在我国使用比较普遍，但注意熏烟时不能起明火。熏烟、喷水应在冻害来临前进行，否则起不到应有的作用。一般温度最低的时间段为凌晨 4 时左右，所以上述措施应在夜里 1—2 时进行。

陈美艳，张鹏，韩飞，等，2017. 我国猕猴桃产业建园模式分析及科学建园建议［J］. 中国果树（5）：91－94.

黄宏文，钟彩虹，胡兴焕，等，2013. 中国猕猴桃种质资源［M］. 北京：中国林业出版社.

王仁才，吕长平，钟彩虹，2000. 猕猴桃优质丰产周年管理技术［M］. 北京：中国农业出版社.

郗荣庭，张上隆，李嘉瑞，等，2008. 果树栽培学总论［M］. 北京：中国林业出版社.

钟彩虹，黄宏文，2018. 中国猕猴桃科研与产业四十年［M］. 合肥：中国科学技术大学出版社.

附　　录

一、猕猴桃生长发育曲线及相应管理事项

猕猴桃植株的不同部位有着不同的生长发育规律，在不同生长发育阶段，需进行相应的农事管理（附图 1）。

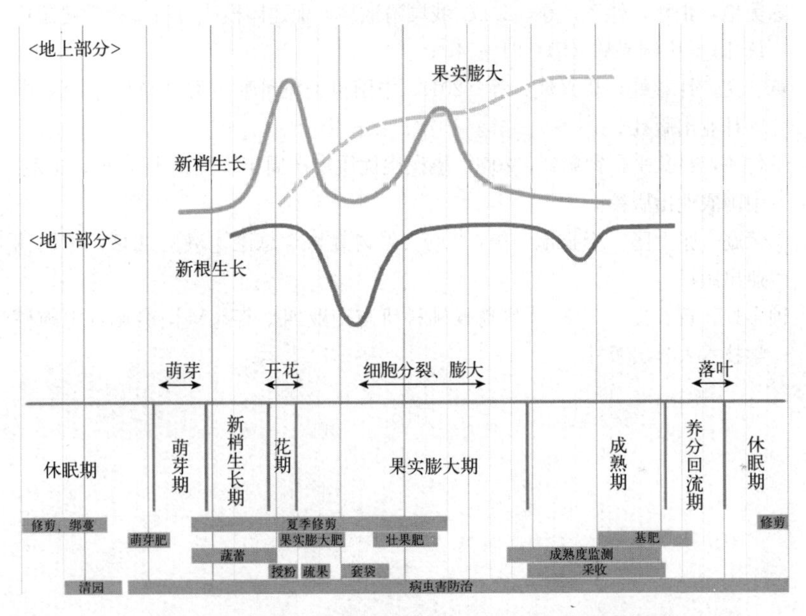

附图 1　猕猴桃生长发育曲线及不同阶段农事管理要点

二、田间农事管理节点表

猕猴桃不同生长发育阶段的田间农事管理的具体内容见附表 1。

附表1 猕猴桃不同生长发育阶段农事管理事项及内容

阶段	执行事项	执行内容
萌芽、展叶期	树体管理	抹除架面以下所有萌蘖，主蔓视具体情况进行芽体选留，抹除二道钢丝以外营养芽及结果母枝上的弱芽、丛生芽中的弱芽，最后结果母枝上按10～15厘米的距离留芽
	植保管理	① 喷施保护性杀菌剂，有溃疡病风险的园区喷施无机铜制剂 ② 预防倒春寒。关注天气变化，做好防控准备，熏烟、喷水等
	肥料管理	萌芽前1周左右施高氮复合肥，每株施肥量根据树龄在250～500克调整，注意肥土混匀，施后浇水或雨前施
	水分管理	如若墒情不佳，需在萌芽前灌水
蕾期、新梢生长期	树体管理	① 抹芽。抹除架面以下所有萌蘖及萌芽期没有及时抹除的芽体 ② 摘心。二道钢丝以外的旺长枝梢在20厘米左右进行轻摘心或捏心
	疏蕾	花序分离1周后即可进行疏蕾，疏除小蕾、畸形蕾、副蕾、病虫蕾等，按枝条强壮程度留3～6个健壮花蕾，总花蕾量是预计产量的120%～130%
	水分管理	确保满足新梢生长期的水分需求
	植保管理	现蕾期至露白期喷施2～3次防治细菌、真菌病害的药剂
开花、坐果期	授粉	① 准备花粉。自己采集花粉需注意爆粉温度控制在25～28℃，短期密封冷藏，长期密封冷冻。或购买商品花粉，索要花粉发芽报告及病菌检测报告，注意运输及保存 ② 授粉前准备。花期刈割园区开花的杂草，开花前做好病虫害的防治，如果花期高温干燥，则园区喷水增湿，提高花粉或柱头的湿润度 ③ 授粉。雌雄配比得当、天气较好的情况下自然授粉；若雄株较少或天气较差需进行人工辅助授粉，以固体喷授或点授为主
	植保管理	谢花坐果后或谢花末期喷施防治菌核病、灰霉病、软腐病等果实病害的药剂，如异菌脲、嘧菌酯等

（续）

阶段	执行事项	执行内容
果实膨大期	果实管理	① 疏果。坐果后1周左右进行疏果，疏果原则基本与疏蕾相似，留果量基本为预计产量的100% ② 浸果。红阳、东红等小果型品种在坐果后15天左右进行氯吡苯脲浸果处理，采用说明浓度，注意不要添加杀虫杀菌剂和营养液等，操作得当，不能刮伤表皮 ③ 套袋。坐果后35天左右即可进行套袋，尤其是日照偏多、叶幕层较差、湿度偏大或病虫危害较重的区域，套袋可以解决多种问题。套袋时可以进行最后一轮疏果
	肥料管理	谢花后1周内施营养均衡的壮果肥，根据树龄、树势每株约施250～400克；套袋后再施1次高钾复合肥或钾肥；晚熟品种可以在1个月以后再施1次钾肥
	水分管理	确保水分的及时供应，雨季顺利排水，避免根系受损。采前1周停止灌水
	树体管理	① 抹芽。抹除主干上萌蘖；抹除6月中旬以后的所有萌蘖 ② 摘心。二道钢丝以外的旺长枝梢在20厘米左右进行轻摘心或捏心；待二道钢丝以内枝条出现缠绕打卷时进行摘心 ③ 摘叶。对于红阳、东红等果皮较薄的品种，在幼果期尽早把果实旁叶片摘掉 ④ 雄株修剪。花后进行雄株复剪，修剪程度同雌株冬季修剪
	植保管理	谢花至套袋杀菌剂每7～10天喷1次，套袋前杀菌剂与杀虫剂一起喷施1次；套袋后视情况喷施杀菌剂2～3次；若不进行套袋，后期频率改成25天左右1次，采前20～30天停止用药。药剂可用苯醚甲环唑、多抗霉素、肟菌酯、噻唑锌、嘧菌酯、异菌脲等。根据具体情况喷施杀虫剂
果实成熟期	果实管理	① 采收期确定。在前几年采收期的前半月开始，每5天左右进行果实品质检测，确定采收期 ② 采果。剪指甲、戴手套，轻拿轻放，采后遮阴，尽量缩短在田时间，多拉慢跑 ③ 入库。24小时内预冷至5℃左右，之后入库，每库4～5天入满
	植保管理	果后喷施药剂进行病菌防控，可以添加叶面肥进行补充

（续）

阶段	执行事项	执行内容
果实成熟期	肥水管理	早熟品种，果实采收后，及时施采果肥，以高氮复合肥为主，土施与叶面喷施结合
采果后至落叶期	肥料管理	根据各地气候特点，10—11月进行基肥施入工作，最好深施，肥土混匀，成年树每株施充分腐熟发酵的有机肥35千克左右；施后必须浇水
	植保管理	有溃疡病风险的园区可以在落叶前喷施无机铜制剂，有冻害风险的园区可在落叶前分几次喷施防冻液，将树干涂白等
休眠期	树体管理	① 修剪。选留靠近主蔓的长势中庸（基部粗度在1～1.5厘米）、组织充实、芽苞饱满、充分接受阳光照射的春梢或早夏梢作为翌年的结果母枝，对于可填补空间用的弱枝进行重剪，早期旺枝长放，晚期旺枝重剪 ② 绑蔓。采用“白马分鬃”法进行绑缚，枝条垂直于主钢丝或主蔓平均向两侧分配，合理分布枝条；可用塑料U形卡扣绑缚，做到绑而不死、动而不移、等距分配、合理布架
	水分管理	灌越冬水
	植保管理	① 清除枝条，尤其有溃疡病的风险园区，之后喷施5波美度石硫合剂清园 ② 预防极端低温冻害

注：杂草管理涉及整个生长季节，一般建议行带用粗有机料或地布覆盖，行间机械或人工除草，待草长至40厘米左右时及时刈割，防止园区湿度过大、通风条件不好而造成病虫流行，尤其是多雨的季节和区域。旱季要适当留草，调节园区小气候，避免由于温度过高、湿度过小对树体或果实造成伤害。

三、农药推荐列表

在猕猴桃病虫害防治中，要选择恰当的药剂，采用正确的施用方法（附表2）。

附表2　猕猴桃病虫害防治中推荐使用的农药

中文通用名	类型	其他名称或商品名	作用方式	防治对象	施用方法
石硫合剂	铲除剂	多硫化钙	铲除	各类病虫害	喷雾、涂干
噻菌铜	杀菌剂	龙克菌	保护、治疗	细菌性、真菌性病害	喷雾
异菌脲	杀菌剂	扑海因	保护、治疗	灰霉病、褐斑病等	喷雾
代森锰锌	杀菌剂	大生、喷克	保护	灰霉病、褐斑病等	喷雾
喹啉铜	杀菌剂	必绿、千金	保护、治疗	细菌性及真菌性病害	喷雾
叶枯唑	杀菌剂	噻枯唑、叶青双	保护、治疗	细菌性病害	喷雾
松脂酸铜	杀菌剂	海宇博尔多乳油	保护、治疗	细菌性及真菌性病害	喷雾、涂抹
琥胶肥酸酮	杀菌剂	丁戊己二元酸铜	保护、铲除	细菌性及真菌性病害	喷雾、涂抹
乙烯菌核利	杀菌剂	农利灵、烯菌酮	保护、治疗	灰霉病、菌核病等	喷雾
啶酰菌胺	杀菌剂	康键	保护、治疗	灰霉病、白粉病、菌核病等	喷雾
嘧霉胺	杀菌剂	灰喜利、施佳乐	保护、治疗	灰霉病	喷雾
甲基硫菌灵	杀菌剂	甲基托布津	保护、治疗	褐斑病、软腐病、灰霉病、菌核病等	喷雾、灌根
苯醚甲环唑	杀菌剂	世高	预防、治疗、铲除	叶斑病、炭疽病、软腐病等	喷雾
腐霉利	杀菌剂	速克灵	预防、治疗	灰霉病、菌核病等	喷雾
肟菌酯	杀菌剂	肟草酯	保护、治疗、铲除	软腐病、菌核病、叶斑病等	喷雾
肟菌·戊唑醇	杀菌剂	拿敌稳	保护、治疗、铲除	软腐病、炭疽病、叶斑病等	喷雾

（续）

中文通用名	类型	其他名称或商品名	作用方式	防治对象	施用方法
噻霉酮	杀菌剂	菌立灭	保护、治疗	真菌及细菌病害	喷雾
噻唑锌	杀菌剂	碧生	保护、治疗	真菌及细菌病害	喷雾
多抗霉素	杀菌剂	多效霉素、多氧霉素	保护、治疗	灰霉病、黑头病等	喷雾
福美双	杀菌剂	金纳海	保护、治疗	根腐病、炭疽病等	拌土、灌根
咯菌腈	杀菌剂	适乐时	保护、治疗	灰霉病、根腐病等	喷雾、灌根
噁霉灵	杀菌剂	绿亨一号、土菌克	保护、治疗	根腐病	灌根
吡唑醚菌酯	杀菌剂	百克敏	保护、治疗	叶斑病、炭疽病、白粉病等	喷雾
氟硅唑	杀菌剂	福星、杜邦新星	预防、治疗	叶斑病、炭疽病等	喷雾
嘧菌酯	杀菌剂	阿米西达	保护、铲除、渗透	叶斑病、果实病害	喷雾
春雷霉素	杀菌剂	加收米	保护、治疗	真菌及细菌病害	喷雾、涂抹
中生菌素	杀菌剂	克菌康	保护、治疗	细菌病害	喷雾、涂抹
氢氧化铜	杀菌剂	可杀得	保护	真菌及细菌病害	喷雾、涂抹
氧化亚铜	杀菌剂	铜大师	保护、治疗	真菌及细菌病害	喷雾、涂抹
碱式硫酸铜	杀菌剂	铜高尚	保护、预防、治疗	真菌及细菌病害	喷雾、涂抹
寡糖·链蛋白	免疫诱抗剂	阿泰灵	逆境诱抗	增强对低温冷害冻害、高温干旱、病虫害的抵抗能力	喷雾
芸苔素内酯	生长调节剂	碧护	提质增产、缓解逆境伤害	提高树体生理功能，缓解冷、旱、药、肥害伤害等	喷雾

（续）

中文通用名	类型	其他名称或商品名	作用方式	防治对象	施用方法
苯并噻二唑	植物激活剂	Atigard	抗逆境激活	诱导植物产生系统获得性抗性，提高抵御低温冷害冻害、高温干旱、病害等的能力	喷雾
烟碱·苦参碱	杀虫剂	果圣	触杀、胃毒	介壳虫	喷雾
噻嗪酮	杀虫剂	扑虱灵、优乐得	触杀	介壳虫、叶蝉	喷雾
螺虫乙酯	杀虫剂	亩旺特	触杀、胃毒、内吸	介壳虫、蚜虫等刺吸式口器害虫	喷雾
毒死蜱	杀虫剂	乐斯本、氯蜱硫磷	触杀、胃毒	小薪甲、介壳虫、蚜虫、食心虫等	喷雾、注射
氯氟氰菊酯	杀虫剂	三氟氯氰菊酯、功夫	触杀、胃毒	小薪甲、鳞翅目、同翅目等	喷雾、注射
吡虫啉	杀虫剂	康福多、大功臣	触杀、胃毒、内吸	叶蝉、蚜虫等	喷雾
甲氨基阿维菌素苯甲酸盐	杀虫剂	甲维盐	触杀、胃毒	鳞翅目、鞘翅目等害虫	喷雾、注射
苏云金杆菌	杀虫剂	苏力菌	触杀、胃毒、渗透	鞘翅目、鳞翅目等害虫	喷雾、注射
机油乳剂	杀虫剂	绿颖	封闭	介壳虫	涂抹
溴氰菊酯	杀虫剂	敌杀死	触杀、胃毒	鞘翅目、鳞翅目、同翅目等害虫	喷雾、注射

注：① 农药按照表中推荐的农药品种购买，采购时选择“三证”（农药登记证、农药生产许可证和产品质量标准文件）齐全的产品，做好农药标签的收集。

② 各农药剂型、含量等由于生产厂家的不同而不同，配药时注意换算，严格控制浓度，请严格按照农药标签推荐浓度使用。

③ 农药请注意交替使用，同种农药不得连续使用，并且同种农药每年度最多使用次数为 2 次；避免作用机理相似的农药一起施用，如乙烯菌核利、腐霉利和异菌脲均属二甲酰亚胺类杀菌剂。

四、石硫合剂熬制方法

生石灰、硫黄、水按 1∶2∶10 的比例准备，硫黄粉要求用 75 微米孔径网筛筛过，越细越好；生石灰要求成块、洁白、质轻、杂质少。

将水加入锅中，生火加热，将水烧热至约 90 ℃时，慢慢加入生石灰块，并不断搅拌，使锅内温度上升至沸腾翻滚状态。之后慢慢倒入事先用少量水调成糊状的硫黄粉，同时迅速搅拌，并记下水位线，以便熬制过程中随时补足蒸发的水量。

先用大火烧开，后用文火熬煮，并不断搅拌，熬制 45～60 分钟。散失的水分用热水及时补足，使石灰和硫黄充分化合反应，呈红褐的酱油色即可停火。不要熬制过火而使溶液呈黑绿色。

将冷却的石硫合剂原液舀出，用纱布过滤，放入瓷缸等容器中存放。石硫合剂一般现熬现用，若需长期存放需要隔绝空气，可倒入食用油并用塑料膜扎紧。存放容器一般选择瓷缸等，不可用铁制品和木制品。

五、农药配制方法

1. 稀释倍数在 100 倍以上的计算公式 药剂用量＝用水量/稀释倍数。

例如，需要配制 70％甲基硫菌灵可湿性粉剂 1 000 倍稀释液 50 千克，求用药量。用药量为：甲基硫菌灵用药量＝50/1 000＝0.05 千克＝50 克。

2. 稀释倍数在 100 倍以下时的计算公式 用药量＝用水量/(稀释倍数－1)。

图书在版编目（CIP）数据

猕猴桃生产精细管理十二个月 / 钟彩虹，陈美艳主编．—北京：中国农业出版社，2020.8（2022.6 重印）
（果园精细管理致富丛书）
ISBN 978－7－109－26934－7

Ⅰ.①猕… Ⅱ.①钟… ②陈… Ⅲ.①猕猴桃—果树园艺 Ⅳ.①S663.4

中国版本图书馆 CIP 数据核字（2020）第 099281 号

中国农业出版社出版
地址：北京市朝阳区麦子店街 18 号楼
邮编：100125
责任编辑：黄 宇 文字编辑：宫晓晨
版式设计：王 晨 责任校对：刘丽香
印刷：北京通州皇家印刷厂
版次：2020 年 8 月第 1 版
印次：2022 年 6 月北京第 2 次印刷
发行：新华书店北京发行所
开本：880mm×1230mm 1/32
印张：4 插页：12
字数：101 千字
定价：28.00 元

第　一　章

雌　花

雄　花

第　二　章

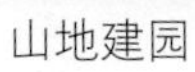

山地建园

防风林

防风网

防雹网

避雨棚

灌溉系统

撒　肥

深　翻

T形架实例

大棚架实例

第　四　章

撒　播

移栽圃准备

整齐健壮的苗木

立枯病

第　五　章

红　阳

东　红

金　艳

金　桃

金　圆

满天红

皖　金

金　梅

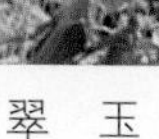

翠　玉

海沃德

徐香（李星提供）

秦　美

米良1号

金　魁

贵 长

翠香（李星提供）

第 六 章

弱树冬季重回剪翌年长势健壮

弱树冬季未重回剪翌年长势弱

短桩促发新梢

一干两蔓多侧蔓树形

地　接

地接发芽状

早春叶面肥害

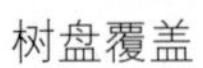
树盘覆盖

小型除草机

摘　心

绑蔓太早造成主干弯曲

嫁接芽萌发后尽早抹除花蕾

重摘心促发中庸二次梢

疏蕾前

疏蕾后

铃铛花

爆粉烘箱

花粉提纯机

人工授粉

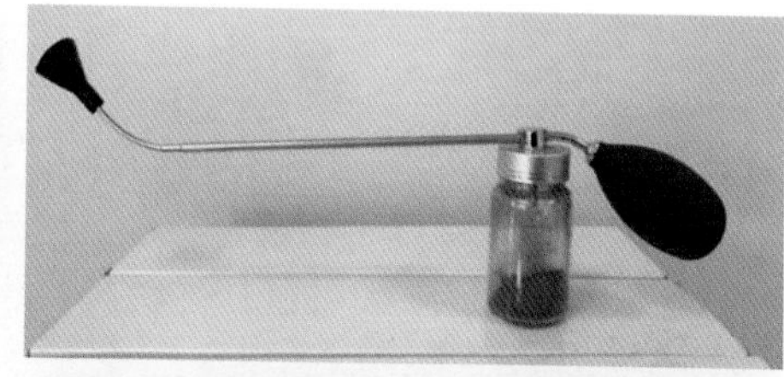

自制简易授粉器

授粉器

疏果前

疏果后

氯吡苯脲浸果与不浸果区别

早春枝干溃疡病

花期溃疡病叶部表现

花腐病

菌核病轻微危害状

早春灰霉病叶部症状

根腐病

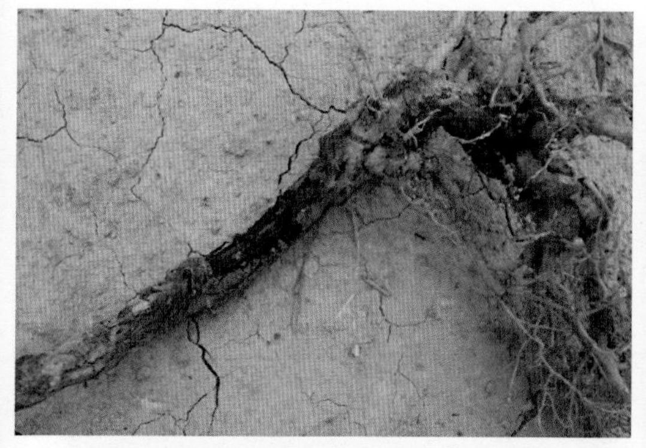

根颈腐烂病

果实软腐病

小蠹虫危害状

嫁接放水

严重倒春寒危害状

夏季嫁接

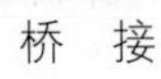

桥　接

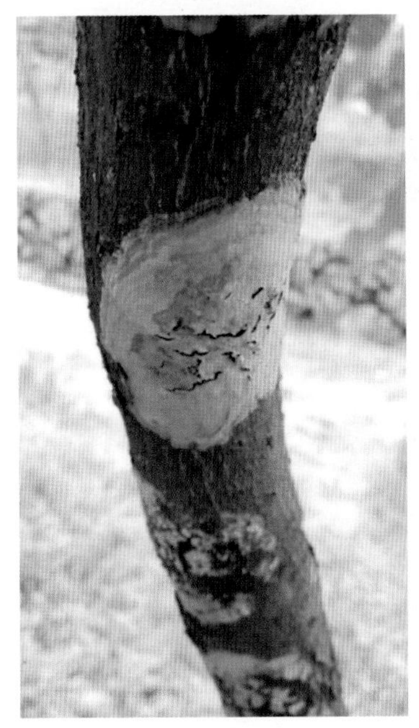

膏药病

褐斑病

灰斑病

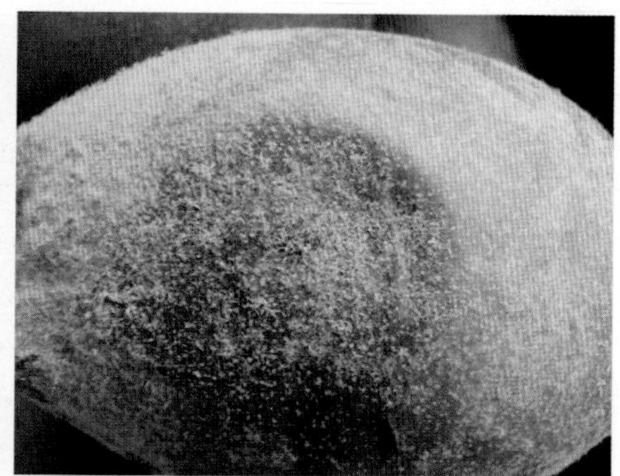

炭疽病

黑斑病（叶部症状）

黑斑病（果实症状）

根结线虫病

黑斑病（枝干症状）

病毒病

黑绒鳃金龟

斑喙丽金龟

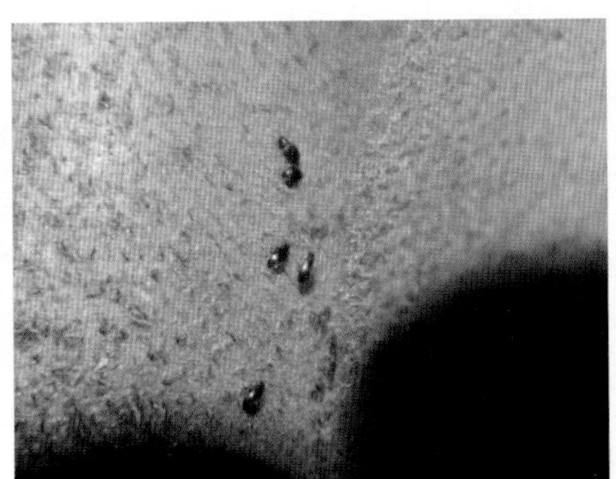

小薪甲

小薪甲危害状

吸果夜蛾（吴增军等，2007）

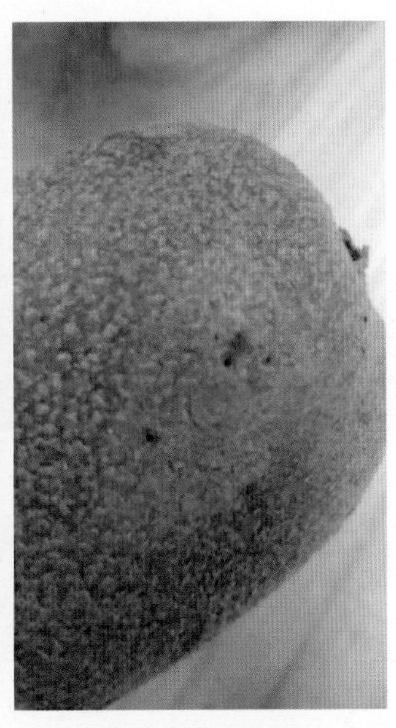

吸果夜蛾危害状

麻皮蝽

柑橘小实蝇

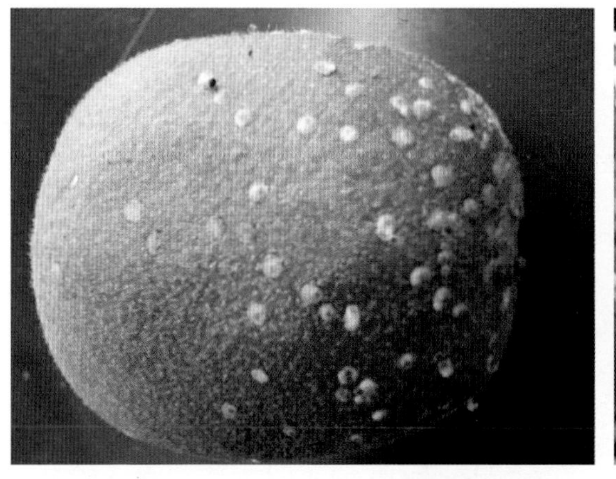

桑盾蚧

蝙蝠蛾幼虫及危害状

斜纹夜蛾幼虫及危害状

透翅蛾危害状

卷叶蛾幼虫及危害状

蓑　蛾

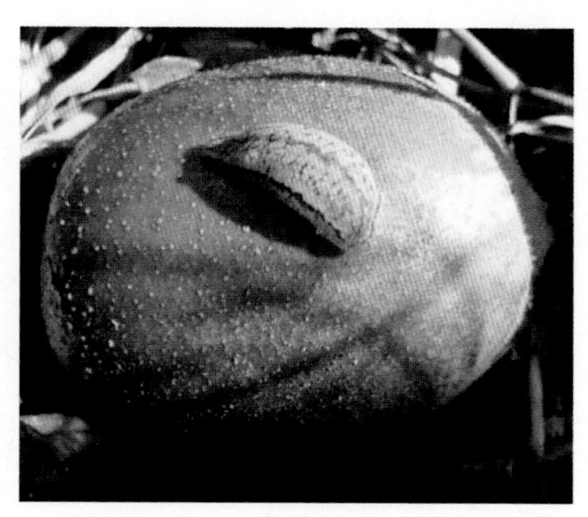

蛞　蝓

蜗牛危害状

广翅蜡蝉若虫

斑衣蜡蝉成虫

小绿叶蝉危害状

叶　螨

缺钾症

缺镁症

缺锰症

缺铁症

缺硼症

硼中毒

锰中毒

干旱胁迫生长点坏死

干旱胁迫叶缘上卷焦枯

果实日灼

叶片日灼

果实热害（周庆提供）

裂　果

草甘膦危害状

根系渍水叶部表现（与有些药害或肥害类似）

草铵膦危害状（蒋斌提供）

环状施肥

条沟状施肥

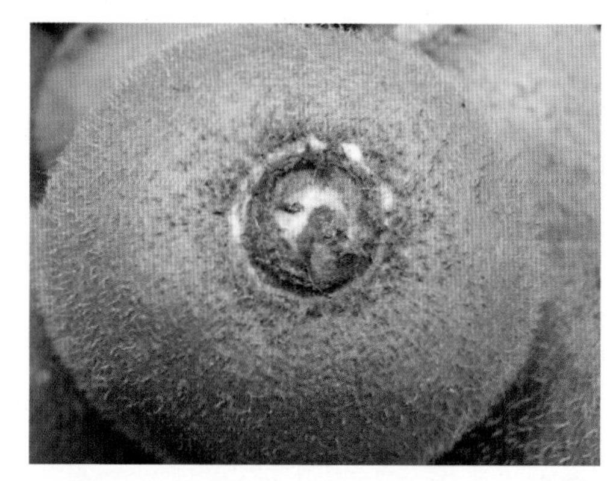

蒂腐病

白粉病（背面、正面）

深秋冻害

冬季冻害